賺錢公司都在用的高獲利訂價心理學

漲價賣到翻，低價照樣賺！一本搞懂消費者行為

永井孝尚

賴惠鈴 譯

第3章　零元參加聯誼活動的祕密

免費的商業模式

第4章 比起「販賣」衣服，「出租」衣服還比有賺頭

第5章 與其降價一千圓，不如花一千圓回收舊貨

第6章 商品數降到四分之一卻多賣六倍的緣故

框架效應

下篇 漲價也能賣到缺貨的原理

第7章 一條二十五萬日圓的生火腿搶手到需要排隊

第8章 價格加倍，反而賣到缺貨的首飾

第9章 漲一美元的思美洛反而打敗了降一美元的對手

顧客忠誠度與品牌

推薦序

學習訂價策略，比砸錢行銷和下廣告更重要

Miula（M觀點創辦人）

很多人常常會以為，想做好行銷最重要的就是學好怎麼打廣告，但這其實是個迷思。事實上，如何讓你的產品能夠開出長紅的銷售數字，售價扮演著跟廣告一樣關鍵的角色。若要我個人來評分的話，我覺得訂價其實比廣告還更加重要。

但是，產品到底該怎麼樣訂價才對呢？很多我的電商老闆朋友，常常跑來問我這個問題，因為我是他們心中的行銷高手。偏偏這個問題，沒有一個簡單通用的答案。你的產業、競爭對手狀況、產品競爭力以及公司的財務狀況與擴展策略，都會影響你的訂價策略。所以每次當我承接這樣的顧問案時，其實都得花上不少時間為

他們量身規劃專屬的訂價策略。說訂價是一門在商業上重要且不簡單的學問，並不為過。很多時候，當你一開始就訂錯價格，後續想要調整到正確的價格，會有很大的副作用。所以，對於任何商業經營者來說，訂價絕對是一門要學好的功課。

而除了傳統的訂價理論之外，在過去幾年，「行為經濟學」這門學問開始受到重視後，也開始有很多人將行為經濟學的理論，拿到商品訂價上面來應用。這也讓商家在訂定產品售價的時候，有了更多的理論基礎與可能性。舉例來說，如果你能在你的銷售活動與訂價上，想辦法讓消費者覺得賺到了額外的利益，這個時候他們就更有機率會產生購買的行為，這在行為經濟學裡面，就稱之為交易效用。

我常常覺得，行為經濟學裡面擁有非常多行銷上面的寶藏，很可惜的是，很少有書會專注探討行為經濟學可以怎麼樣被使用在行銷上。我其實很想要替我的這些老闆朋友，找一本簡單易懂的從行為經濟學談訂價的書給他們看，幫他們補補習，偏偏這樣的書籍很難找到。大多數談這方面的書籍都不好讀，對於時間有限的老闆們，其實太硬了啃不動。

永井孝尚的這本書，正好彌補了上這個空缺。作者透過各式各樣簡單易懂的商業案例，讓讀者能夠輕鬆了解訂價與商業銷售的學問。從我的角度來看，這不是一本單純講訂價的書。這本書涵蓋的，其實是很完整的如何做生意的常識，以及消費者到底會怎麼想的這件事。如果你是個商業新手，我認為這是一本非常適合學習做生意的書。而如果你對於訂價這件事情很苦惱，我也覺得這是很好的訂價策略入門書。

你想知道為什麼有些商品漲價之後，反而會賣得更好嗎？你想要知道，在怎樣的狀況下降價是有效的，在怎樣的狀況下，降價反而是有害的嗎？如果你對於如何訂價，如何搞懂消費者的心理很有興趣，那花點時間讀讀這本書，你的時間絕對不會被浪費。

自序

再怎麼努力也賺不到錢，是因為不懂訂價策略

我之所以想寫這本書，是因為發現大家不太清楚訂價策略的重要性。

在做生意的現場，我聽過無數次以下的對話。

「賣不出去耶，調降價格吧。」

「賺不到錢耶，調漲價格吧。」

從長遠的角度來看，這麼做通常只會愈來愈賣不出去。

「因為賣不出去」而調降價格，就算銷量暫時稍有起色，遲早又會賣不出去。

只因為「賺不到錢」這個理由就調漲價格的話，消費者終究會離你而去。

而且「訂價策略」確實是一門深奧的學問，很多人還沒嘗試就打退堂鼓也是事實。

這總讓我覺得「好可惜啊」。

因為訂價策略的邏輯非常有用，最重要的是很有趣。

這本書就是要讓所有人都能理解訂價策略的邏輯。

我努力讓這本書在有趣之餘，充滿最新的行銷戰略理論及正規的行為經濟學所需的知識，好讓讀者一旦開始閱讀，就能樂在其中，一口氣看到最後。

能不能在商場上賺到錢，全看訂價策略。

無論再怎麼努力，再怎麼拚命工作，一旦擬定錯誤的價格策略就賺不到錢。

只要了解訂價策略，就能輕鬆賺大錢。

看完這本書，應該就能掌握消費者對價格的反應、了解該怎麼擬定價格策略才好。（補充說明：本書中提到的商品價格，皆為書寫當時的日幣售價。）

永井孝尚

第1章

味道明明跟自來水一樣，為何要買一百圓的礦泉水？

行為經濟學與訂價策略

用東京的自來水釀造日本酒?!

出門在外，要是口渴了，我會去便利商店買礦泉水。

「嗯，很好喝！」

礦泉水瞬間就能帶給乾渴的喉嚨清涼的感受。

然而，如果這些礦泉水的味道跟從水龍頭流出來的自來水幾乎一模一樣呢？

事實上，東京都水道局有一項名為「東京水評比活動」的調查。

蒙住數萬人的眼睛進行測試，每年發表結果。二〇一七年大約有三萬人參加，

結果如左頁所示。

每年調查的結果都大同小異，數字相去不多。

五百毫升的礦泉水再便宜也要一百日圓，但自來水大概只要零點一圓。

我們不會為貴上一千倍的東西掏出錢來，然而明明是相同味道的水，卻刻意選

礦泉水與自來水的味道一樣

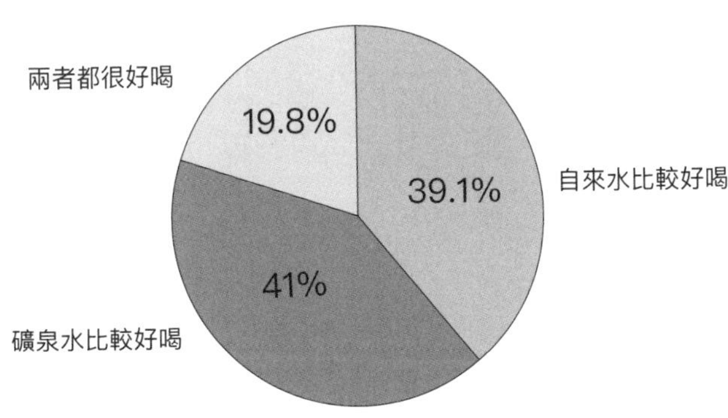

以上為東京都水道局「東京水評比活動」二〇一七年調查結果
（樣本數為 30,613 人）

擇礦泉水。

大概有很多人是這麼想的：

「因為我擔心自來水含有三鹵甲烷，而且又有漂白水的味道。」

「因為礦泉水加入了礦物質，對健康比較好。」

會有這樣的既定概念。但現在的自來水很安全，成分也沒問題。

現實生活中，東京港區芝的「東京港釀造」就是用自來水釀酒的酒廠。

這家酒廠位於四層樓的大樓內，採取在四樓洗米、蒸米→在二樓與三樓釀酒→在一樓裝瓶的作業流程，而且用來釀酒的水就是東京都的自來水。

負責釀酒的人說：「有些自來水很適合釀酒，東京的水能釀造出風味溫和的酒。」

東京的自來水屬於中硬水，可以釀出與使用京都伏見的水同樣柔和的風味。

當地人也都說很好喝，負責釀酒的人是米與水的專家，這位專家說「自來水很好喝」。

當各位得知這個衝擊的事實，應該會改喝幾乎等於免費的自來水，不再花一百圓買礦泉水吧？

老實說，我即使得知這個事實，還是繼續買礦泉水，喝得津津有味，完全沒想過要喝從水龍頭流出的自來水，各位應該也跟我一樣吧。

明明味道都一樣，為何我們不惜花費時間與金錢也要購買比自來水貴上一千倍的礦泉水呢？

用數字定住人心的「錨定效應」

再怎麼想，這種現象都太不合理了。

即使心裡有數「這樣太不合理了」，也不會改變自己的行為。

有個理論能解開這個謎題，那就是「**行為經濟學**」。

如同礦泉水的例子，人類經常會做出不合理的行動。

就像明知對健康不好，還是無法戒菸；明知會讓自己變胖，還是不由自主地買下特大號的冰淇淋來吃。

然而，過去的經濟學都是以「人類的行為總是基於合理的邏輯」這個前提來思考，因此無法說明人類「不合理」的行為。例如傳統的經濟學就無法說明歷史上人們在泡沫經濟時瘋狂地砸大錢購買已經漲到不正常的土地及股票，搞到傾家蕩產的現象。

「行為經濟學」能解釋人類不合理的行為。行為經濟學家丹尼爾．康納曼於二〇〇二年榮獲諾貝爾經濟學獎，讓行為經濟學讓從此廣為人知。

只要能理解行為經濟學，就能理解消費者對價格採取的行為。

康納曼透過實驗證明行為經濟學的「錨定效應」，再從錨定效應解開礦泉水之謎。

「錨定效應」的錨是指「船錨」，錨定是「下錨」的意思，而**錨定效應**則是像船錨那樣，以某個數字定住人心的現象。

康納曼做了以下的實驗。

召集學生，分成兩組，轉動用來決定彩券中獎號碼時所使用的旋轉式圓盤，要他們記下轉出的數字。康納曼對圓盤動了點手腳，其中一組的數字必定會停在10，另一組的數字必定會停在65，然後再提出兩個問題。

問題一：非洲各國在聯合國占的比例大於這個數字嗎？

問題二：那麼，實際比例為何？

康納曼的錨定效應實驗

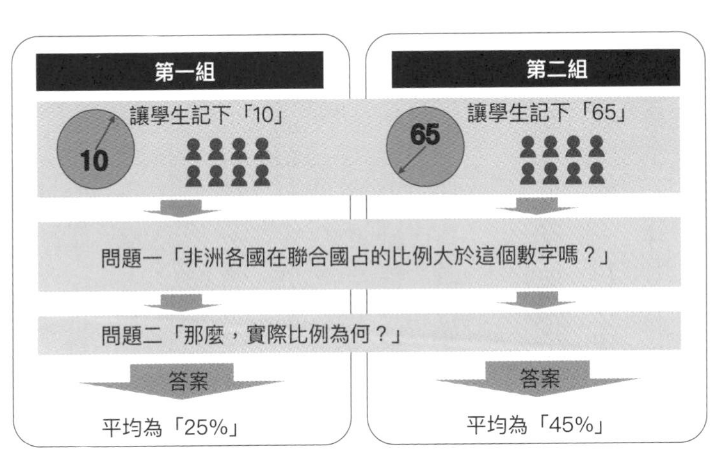

問題二與圓盤轉出來的數字一點關係也沒有，但答案卻一如預期地分開了。

看到10的小組的答案平均下來是25%。

看到65的小組的答案平均下來是45%。

或許各位會覺得「怎麼可能」，但事實就是如此。

康納曼為這個現象取名為錨定效應，藉此說明「**人會下意識受到最初看到的數字很大的影響**」。

這個錨定效應有助於解釋我們之所以不會停止花錢買礦泉水的行為。

直至一九八〇年代，礦泉水還不普及，喝自來水乃是常識。當時，東京的自來水很難喝，在一九八四年的品水大會上，東京的水是全國十二個縣市的最後一名。我每次去到鄉下，都會因為當地的水很好喝而大受感動。再加上那個時候，媒體大幅報導水源附近的工廠排水問題，導致大家都認為「自來水很危險，含有會致癌的三鹵甲烷」。

在這樣的情況下，號稱「安全又美味」的礦泉水在一九九〇年代問市並開始普及。

於是我們產生「保特瓶裝的礦泉水美味又安全」「幾乎免費的自來水難喝又危險」的觀念，一瓶一百圓的礦泉水開始牢牢地在我們的生活中占了一席之地。

另一方面，全國各地的水道局也努力想要扭轉「難喝又危險」的印象，例如東京都水道局就安裝了高科技淨水設備，致力於提升品質，終於在蒙眼評比中讓自來水得到與礦泉水一樣好喝的評價。

然而依舊無法扭轉已經深入人心的「自來水難喝又危險」的印象，甚至有些年

錨定效應下的礦泉水與自來水

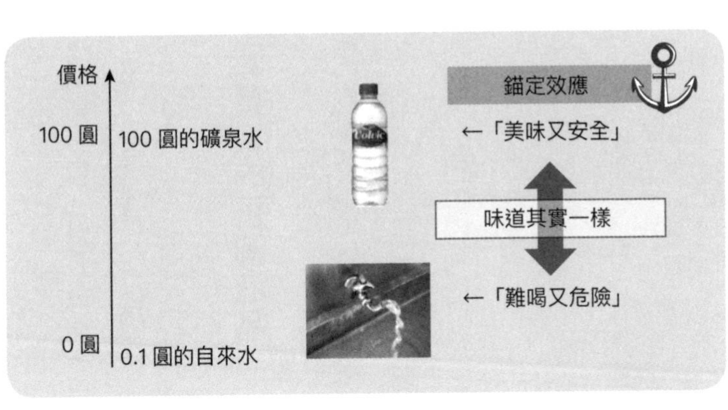

輕人根本沒喝過自來水，就已經先入為主地討厭自來水。

這對水道局是很大的危機，還好水道局也不是省油的燈，試圖化危機為轉機。

像是把自來水裝進保特瓶，推出「瓶裝自來水」。

「東京水」（東京都水道局）五百毫升一〇三圓（含稅）

「The Water」（橫濱市水道局）五百毫升一一〇圓

「埼玉之水」（埼玉市水道局）四百七十五毫升一一〇圓

這些其實都是瓶裝自來水，應該也有人喝過

這些水吧。

水道局明白「只要裝進保特瓶，水就能以高價賣出」，而且善加利用了這點。如此一來，水道局也能以高達一千倍的價格賣出自來水。

以千圓賣出的百圓商品

我們身邊經常可以看到這種錨定效應。

我家附近有家百圓商店，店內的商品應有盡有。

有一天，架上陳列著玻璃製的食品保鮮盒，附有扣環，可以密封，以百圓商品來說，做工十分細緻。

這家百圓商店旁邊有家高級雜貨店，走進店裡，我大吃一驚，因為幾乎一模一樣的玻璃製的食品保鮮盒在這裡居然要一千日圓。商品說明書上是這樣寫的：

可以拆下蓋子的保鮮盒，義大利原裝進口，採用「無鉛水晶玻璃」。國外都用

錨定效應下的百圓商店與高級雜貨店

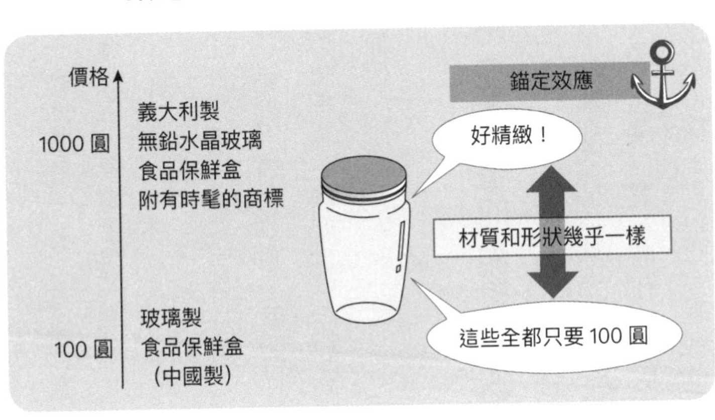

來保存麥片或番茄醬、水果，也可以裝入優格、牛奶等等，還能直接當成餐具使用。不容易染色或吸收不好聞的味道，可以煮沸消毒，有助於保持衛生。

另外還寫了一些小常識。的確是義大利製，不同於百圓商店的中國製，還有漂亮的商標，但材質和形狀都跟百圓商店的商品差不多。

令人驚訝的是，我還在挑選的時候，已經有別人太太說這個容器「好棒！」而買下來了。只是賣的地方不一樣，幾乎是相同的商品，還是有消費者歡天喜地地以十倍的價差買下。

這也是「錨定效應」產生的結果。

百圓商店的消費者已經被錨定為「這裡的商品只要一百塊」，不用考慮價格，大手大腳地購買。另一方面，高級雜貨店的消費者則被錨定為「因為這裡是時髦的高級雜貨店，平均要價一千圓」，所以在選購商品的時候也能接受其價格。

由此可知，消費者會以錨定效應為基準，以此判斷商品的品質與價格。只要善用錨定效應，就能以高價賣出。那麼，要如何製造上述的錨定效應呢？這時千萬不能產生「先問問消費者」的念頭，你必須自己思考。以下就為各位說明原因。

原本一文不值的黑珍珠如何變成超高級首飾

黑珍珠在各種珍珠裡賣得特別貴，但是在一開始，黑珍珠其實被當成破銅爛鐵。

義大利某位寶石商在玻里尼西亞買下珊瑚島，島上棲息著珠母貝，會從貝殼產出許多黑珍珠，寶石商心想「這或許能賣錢」。

然而當時是一提到珍珠，就直覺聯想到日本產的美麗雪白珍珠的時代。

一開始，消費者都嫌「顏色和形狀跟子彈沒兩樣」，完全賣不出去。

於是他去找住在紐約第五大道的寶石商老朋友商量，請對方給點意見。

然後開始在朋友店裡的櫥窗展示黑珍珠，貼上昂貴的標價販賣，同時在豪華的成人寫真雜誌刊登全版廣告，照片中的黑珍珠項鍊閃閃發光，與鑽石和紅寶石的胸針放在一起。

如此一來，紐約的貴婦們開始佩戴黑珍珠，從此以後，黑珍珠變成超高級的珠寶，在全世界流行起來。

自此，「黑珍珠是紐約貴婦穿戴在身上的超高級品」的錨定效應遍及全世界。

新商品問世時，消費者無從判斷價格是高或低。

這時要是傻傻地問消費者：「您認為這值多少錢？」簡直愚不可及，等於把錢扔進水溝裡。

重點在於「要設下錨點」，是我們決定價格的基準。

「結婚戒指要三個月的薪水」也是錨定效應

一般而言，「如果是朋友結婚，紅包的行情是三萬日圓」。

同樣地，應該也有很多人聽過以下這句話。

「結婚戒指的平均價格為三個月的薪水。」

然而，這其實是由專門販賣高級寶石的戴比爾斯（De Beers）透過行銷手法制定的結婚戒指行情。

結婚戒指根本沒有所謂客觀的價格，這是戴比爾斯制定的標準，結果導致要結婚的情侶被洗腦「結婚戒指要三個月的薪水」，並以這個價格作為選購的標準。

戴比爾斯只在一九七〇年代到一九八〇年代後半推出這個行銷活動。

但是就連現在的年輕人也知道那個早在三十年前結束的行銷活動。

可見錨點一旦被廣為認知，整個社會都會受到錨定效應的影響。

順帶一提，鄉廣美與二谷友里惠在一九八七年結婚之際，娛樂記者問他結婚戒指的價格，他的回答是「大概是我三個月的薪水」。

錨定效應下的結婚戒指行情

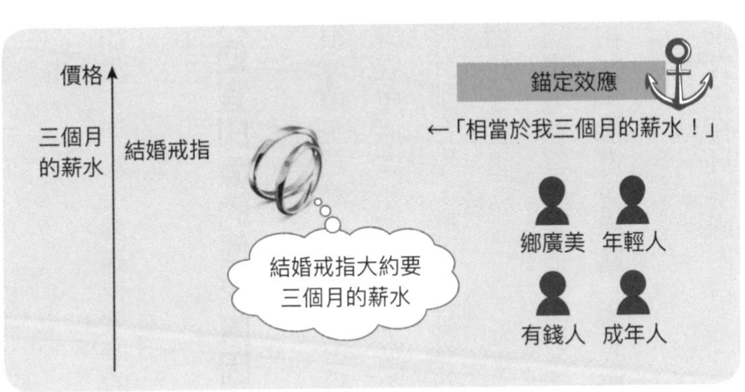

鵝寶寶具有認定有生以來第一個看見的東西為父母的習性，即使對象是機器人，也會搖搖晃晃地跟在會動的機器人背後，稱之為「印痕」。

錨定效應與上述的「印痕」其實是相同的原理。

最初看到的資訊和價格會不知不覺地在消費者心中烙下印痕，這點與鵝寶寶認定最早看見的東西是父母的習性具有異曲同工之妙。

因此在新商品上市時，一開始就訂出比較便宜的價格未必是個好主意。

這會讓消費者產生這項商品就應該這麼便宜的印象。

以本章介紹過的例子來說，一百圓的礦泉水、在百圓商店只要一百圓的保鮮盒到了高級雜貨店要賣一千圓、黑珍珠很貴、結婚戒指要花上三個月的薪水……的錨點已經深植世人心中。

如果不了解這套錨定效應的原理，再好的商品都賣不出去。

給人便宜印象的優衣庫因漲價導致客源流失

很會做生意的優衣庫也曾經落入這個陷阱。

優衣庫原本是破壞日本國內成衣業界行情的先驅，然而最近優衣庫卻跟海外的知名設計師合作，推出新材質的衣服，也在摸索高附加價值的路線。

因此優衣庫於二〇一五年在日本國內調漲百分之十，企圖從削價競爭轉換至以價值爭取顧客的跑道。但來客數卻減少了百分之十四點六，營收也減少了百分之十一點九，慘遭滑鐵盧。優衣庫第二年就調回原本的價格，但消費者已經一去不回頭了。

優衣庫在日本國內給人「破壞市場行情的元凶」印象太深刻，大部分的消費者都認定「優衣庫是很便宜的成衣」，所以無法輕易調漲價格。

給人牢不可破的「廉價形象」是以破壞市場行情在商場上大獲全勝的代價。即使是成衣業界的霸主優衣庫，也無法推翻日本國內市場的「廉價印象」。

因此，優衣庫目前切換方針，在全世界推廣事業，努力滿足世界各地的顧客期待，在海外已經成為來自日本的強力品牌。海外市場並沒有「優衣庫＝便宜貨」的印象。二〇一八年，優衣庫的海外營收超過了國內營收。

像這樣跳樓大拍賣的後果是價格如果不夠便宜，消費者就不會買帳。

某位大學教授分析兩年來以不同價格在超級市場的A店與B店販賣同一種牛奶的結果。

A店以兩天一次的頻率以一九八圓以下特賣，結果營收的九成都落在特價的一九八圓以下。

B店兩年來有八成的日子皆以二二八圓的定價販售，結果營收有八成都落在正常售價。

賣得太便宜，消費者會認為「便宜是應該的」

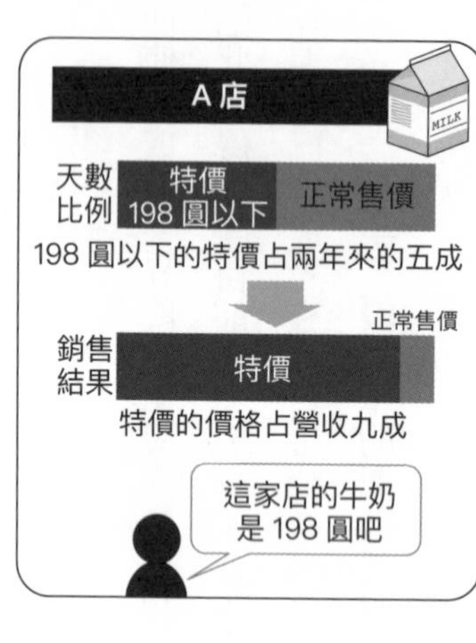

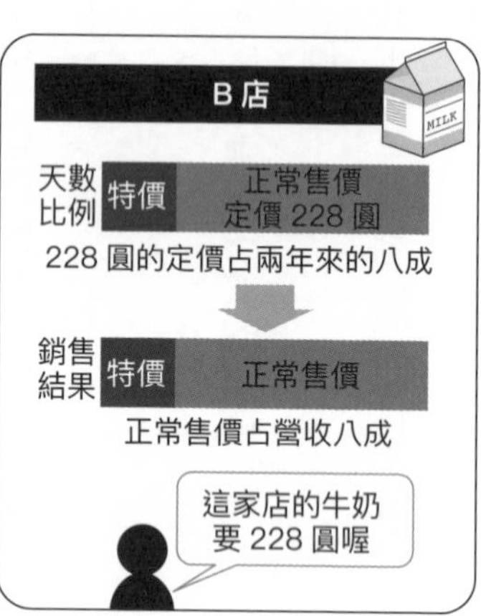

消費者會認為「A店的牛奶為一九八圓」、「B店的牛奶為二二八圓」，若以「便宜賣」為賣點，消費者會認為便宜的價格是常態，只願意以便宜的價格購買。

那麼，為何一旦以便宜的價格販賣，不夠便宜就會賣不出去呢？

假設森先生與原先生的月薪一樣。

森先生今年和明年的薪水都沒有變動。

原先生今年的薪水會多一萬圓、明年則少一萬圓。

雖然到了明年，兩人的薪水都一樣

展望理論

即使同樣一百圓，吃虧時的感覺會更強烈

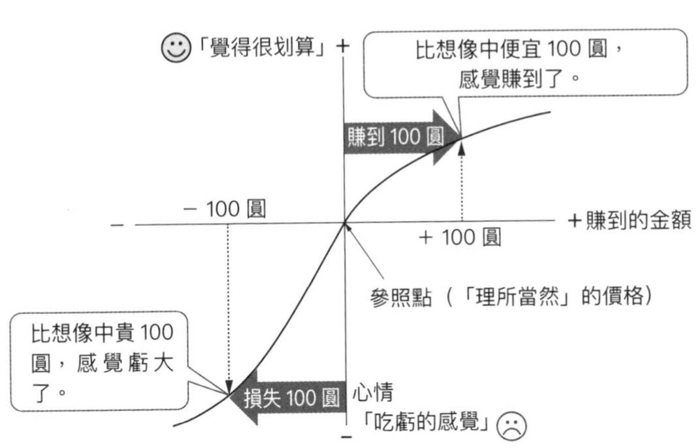

多，但原先生會覺得損失慘重。

人會因為加薪而喜悅、因為減薪而傷心。

這件事理所當然到不能再理所當然了，當獎金變多，我也會有點高興，可是當獎金減少，會受到更大的打擊。

原先生也一樣，比起多一萬圓的喜悅，少一萬圓的失落感會讓人受到更大的打擊。

由此可見，即使金額都一樣，比起增加時「賺到的感覺」，減少時「吃虧的感覺」將更為強烈。

這就是行為經濟學的「**展望理論**」。與錨定效應一樣，都是康納曼所提倡的理論。

以價格為例，如上頁所示，當價格比「理所當然」便宜一百圓，消費者會覺得「有點賺到」，可是當價格比「理所當然」貴一百圓，消費者會覺得「虧大了」。而且人會採取迴避這些損失的行動。

因此當價格調回特價前的原價時，看在賣方眼中明明只是「調回原本的價格」，看在消費者眼中卻要付出遠比「理所當然」的價格更多的錢，因為不想蒙受損失，消費者乾脆不買了。

迴避這種狀況的方法非常簡單，那就是如果要調回原價，不如一開始就不要便宜賣。

能不能賺到錢端看訂價策略

前面皆以行為經濟學的「錨定效應」與「展望理論」的觀點為中心，帶大家看訂價策略。

訂價策略等同於經營策略本身。

企業賺取的利潤由銷售量、價格、成本等三方構成，公式如下：

利潤＝（銷售量×價格）－成本

其中絕大部分的企業都為了增加銷售量、降低成本盡最大努力，但認真思考價格問題的人少之又少，令人跌破眼鏡。實際上，商業行為能不能賺到錢，端看訂價策略。

日本有許多生意人只想到「便宜地賣出好東西」。

因此無法擺脫「便宜賣」的出發點，與競爭對手陷入削價競爭，一心只想「盡可能賣得比對手便宜一點，贏過對方」，但這點大錯特錯。

必須理解訂價策略的重要性，為了賣得便宜一點，必須經過深思熟慮的策略；如果是比較有價值的商品，則必須以符合商品價值的價格販賣。

思考訂價策略的時候必須深入消費者心中，了解消費者在想什麼。行為經濟學是上天賦予我們強大的武器。

提到「行為經濟學」，大家可能會想得很難，但行為經濟學就跟「錨定效應」或「展望理論」一樣，是用來解讀我們日常行為舉止的邏輯，其實非常貼近我們的生活，也非常淺顯易懂。

本書除了行銷理論，也將為各位介紹最新的行為經濟學，我將訂價策略的方法拆成上下兩篇來討論。

上篇：降價還能賺錢的原理——如何打造便宜賣好貨的商業模式

便宜賣不是錯，只不過，必須澈底地追求沒有人能模仿的便宜，因為在全民都能上網的現代，價格很容易受到比較。

倘若賣點只有「我們家很便宜」，衝著價格而來的消費者很容易投向更便宜的競爭對手懷抱，不上不下的削價競爭只會令人陷入降價求售的泥沼。

必須把成本壓低到競爭對手絕對無法模仿的地步，甚至是免費或讓人便宜地用到飽，強調划算到不行的感覺。

基本上，打折不是推薦的策略，但是也有聰明的打折法。上篇會為各位介紹只要在價格上多下一點工夫，就能呈現出優惠的感覺。

下篇：漲價也能賣到缺貨的原理——抓住目標顧客，提高售價

訂價策略的精髓在於實現物超所值，讓消費者願意接受比較高的售價。為此必須鎖定目標顧客，比其他競爭對手更能精準地滿足那些顧客的需求，在設定價格的方法多下點工夫，或是培養自家公司的忠實顧客。關於這部分會在第二部介紹。

那麼，以下就為各位介紹上篇「降價還能賺錢的原理——打造便宜賣好貨的商業模式」。

能不能賺到錢端看訂價策略。
透過行為經濟學
了解消費者的內心世界。

本章的重點

- 為了思考訂價策略，要學習**行為經濟學**。
- 人的行為會被一開始看到的數字左右是基於**錨定效應**。
- 一旦成功地破壞市場行情，就會給人便宜賣的印象，無法再以比較高的價格賣出。
- 只要了解**展望理論**，就能理解便宜賣之後，調回原價再也賣不出去的原因。

上篇

降價還能賺錢的原理

——打造便宜賣好貨的商業模式

「便宜地賣出好東西賺錢」其實非常困難。

或許各位會以為「這種東西，便宜賣不就好了」。

然而，「利用便宜賣來賺錢」與「便宜賣」乍看之下差不多，其實正好相反。

但大家或許不太清楚箇中的差異。

所以才會有很多公司苦於削價競爭。

為了「利用便宜賣來賺錢」，必須要有澈底的「決定不做什麼」的策略。

又或者是必須想出免費提供或讓人便宜用到飽還能賺錢的商業模式。

甚至在打折的時候也要搞清楚目標顧客的需求，配合那些顧客設定最適合的價格。

完全沒想到這些，臨時起意地想「賣不好的話就降價求售吧」，很容易陷入削價競爭的泥沼，從此難以翻身，所以才會為削價競爭所苦。

以下先為各位介紹破壞市場行情的方法。

第2章

為何米其林一星的香港點心只要五百八十日圓？

成本領導策略

貴為米其林一星卻那麼便宜的原理

精選全世界的餐廳，用星星的數量加以排名的指南裡取得一顆星的香港點心餐廳，於二〇一八年春天在東京開店，非常好吃，而且非常便宜。

我迫不及待地前往位於日比谷的「添好運」嘗鮮。

那是一個下著雨的平日上午，而且還要三十分鐘才開門，卻已經有四十個人在排隊。

排隊的同時會拿到菜單和點菜單，讓我們利用排隊的時間決定吃什麼。

到了開店時間，在入口遞出點菜單，幾十名顧客陸續被帶到座位上。

入座不到五分鐘，第一道「酥皮焗叉燒包」就上桌了。

「好快！」

宛如波蘿麵包的酥皮內包著叉燒，大小與肉包相去無幾，外皮十分酥脆，甜醬油味的叉燒餡也很入味好吃。三個才賣五百八十日圓，等於一個不到兩百圓，跟便利商店的高級肉包差不多。

後來點的單也是每隔五分鐘就送上來，大約有十位中菜廚師默默地在廚房裡做點心，再由服務生迅速地送到每一桌。

我吃完一輪，心滿意足地結帳，總共才兩千圓，菜色卻跟四千到五千圓的高級點心無異，便宜，太便宜了。

「這麼美味的點心為何要賣這種價格呢？」

一離開店，我就立刻展開調查。

添好運的創辦人之一麥桂培師傅十五歲便進入點心的世界拜師學藝，最後被拔擢為世上第一家摘下米其林三顆星的中菜館，位於香港四季酒店內的高級廣東菜館「龍景軒」的點心師傅。

但他無法割捨「想讓更多人以更便宜的價位吃到美味點心」的初衷，跳出來與梁先生一起開了添好運，第二年就榮獲一顆星的殊榮。

為了以更便宜的價位提供，不使用高級的食材和調味料，全都是在超市也能買到的材料。

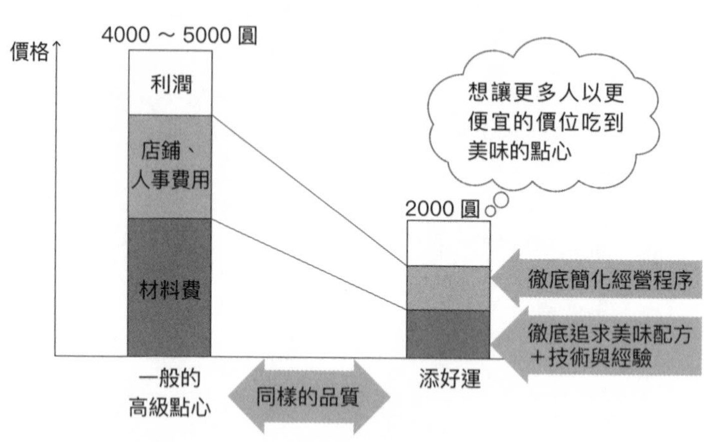

「只要有技術和經驗，無論用什麼材料都能做得很好吃」是麥師傅的理念，他對調味非常講究，我最早吃到的酥皮焗叉燒包是不斷嘗試各種醬油、蠔油、砂糖的比例後，花兩個月才摸索出最後的配方。

店鋪的經營也非常有效率，致力於用更低的成本服務更多的顧客。

拜麥師傅所賜，每個上門的顧客都好幸福的樣子。

兩百圓貧瘠便當與五百五十圓豐盛便當材料費相同的內幕

此外還有許多便宜又美味的店。

比如最近，我發現便當愈來愈便宜了，還曾在某家路邊的便當店買過兩百圓的超便宜便當。

大部分的便當店都只在平日午餐時段營業，這家店卻三百六十五天、二十四小時營業，追求便宜的消費者陸續上門買便當。

兩百圓便當只有白飯和一個漢堡排、義大利麵和少許醬菜，看起來有點貧瘠，吃起來的味道也「普普通通」，兩百圓頂多也只能做到這樣。

我立刻展開調查，發現某篇報導介紹過這家店。

材料費（成本）約一百三十圓，再加上店面的人事費，一個便當的利潤大概只有十圓。利潤雖低，但是以三百六十五天、二十四小時營業的方式得以維持，堪稱薄利多銷的典型。

另一天，我去天王洲島洽公，又發現大排長龍的便當店。

這家店的便當五百五十圓，亦即所謂的一個銅板便當，切成大塊的蔬菜十分吸引人。

我買了雞肉便當試試口味，雞肉鮮嫩多汁，鹽麴的味道很入味，蔬菜也很新鮮。以五百五十圓來說，感覺非常划算。

「不輸給千圓便當的菜色，這家店大概賺不了多少錢吧。」

當天晚上，電視節目就介紹了這家店「旬八廚房」，年輕社長的話令我大吃一驚。

「這個便當的毛利居然有百分之七十五喔。」

計算之下，五百五十圓的豐盛健康便當的材料費（成本）只要一百三十八圓，居然與兩百圓的便當差不多。

真不可思議。

這麼說對兩百圓的便當店可能有點失禮，但他們家的便當沒什麼內容，五百五十圓的便當則是豐盛又美味的健康便當，然而兩者的材料費（成本）皆為一百三十圓左右。

兩百圓的便當店是把用紙箱送來已經事先處理好的食材一一倒進裝滿油的鍋子

旬八的五百五十圓便當美味、利潤又高的原因

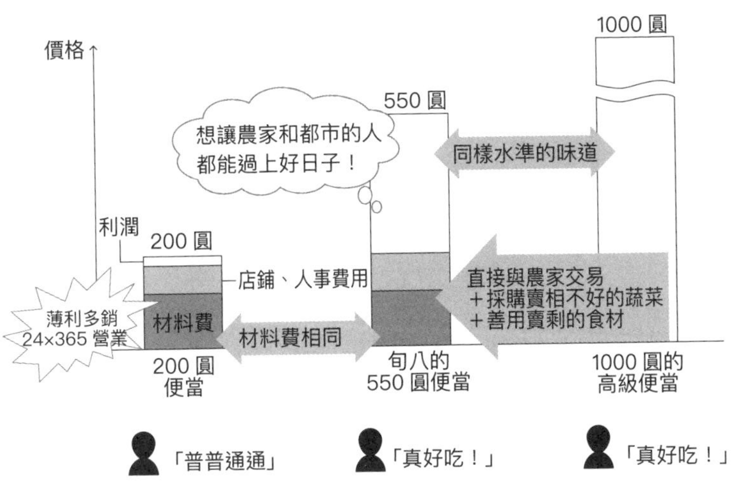

裡煎煮炒炸，再裝進便當盒裡。

食材的進貨業者最在乎的是便宜，米和蔬菜皆為國產，肉類產自巴西，炸魚產自中國，找到最便宜的進貨對象，澈底地削減成本，不浪費時間，再加上三百六十五天、二十四小時營業，才能提供兩百圓便當。

那旬八廚房的五百五十圓便當為何能用相同的一百三十圓左右材料費（成本）做得那麼好吃呢？

旬八廚房是從名為「旬八」的果菜行起家的便當店，但旬八跟普

通的果菜行有點不太一樣。

一般果菜行的蔬菜、水果都沒有受傷，大小和形狀也很一致。

聽起來好像是廢話，但現實生活中，農家栽培的蔬菜及水果大小和形狀不會一樣，其中也有受傷的蔬果，味道雖然沒差，但不能賣到果菜市場，只能丟掉，非常可惜，據說這種賣相不好的農作物占了全體的三成之多。

旬八並未透過果菜市場，藉由直接與農家交易，以半價採購這些賣相不好的農作物。

過去只能丟掉的蔬菜或水果如今有人要收購，農家當然求之不得，消費者能買到便宜的蔬果，果菜行也有百分之五十的毛利。

旬八打造出皆大歡喜的商業模式，但是就連旬八也會有賣剩的蔬菜。

於是旬八廚房用賣剩的蔬菜做便當，實現了百分之七十五的毛利。

決定不要做什麼，從而破壞市場行情的成本領導策略

如同第一章提到，如果只是便宜賣會讓消費者失望，也會消耗企業的體力。然而便宜賣這件事本身絕不是一件壞事。

「便宜買到好東西」能豐富我們的生活，為此必須像添好運或旬八那樣，打造出即使便宜賣出好東西，也能確實獲利的商業模式。

「便宜賣出好東西也能獲利」正是本章的主題。

為了便宜賣出好東西，必須以低於業界所有競爭對手的成本提供商品。

提倡競爭策略的管理學家麥可．波特認為有利於競爭的策略是要把成本壓得比對手還低，取名為「成本領導策略」。波特還說：「所謂策略，就是要決定不做什麼。」

添好運和旬八不做的事都很明確，所以能經由成本領導策略破壞市場行情。

創辦人麥師傅「想讓更多人以更便宜的價位吃到美味點心」的想法是添好運的原點，因此不用成本較高的高級食材，為了以在超市就能買到的食材提供美味的點心，發揮經驗與技術，在配方上下足了工夫，以五百八十圓提供頂級的點心。

旬八則以創辦人 Agrigate 股份有限公司左今克憲社長的體驗為原點。

左今社長在學生時代吃過好長一段時間的速食，另一方面，鄉下雖然能提供營養均衡的飲食，但是有很多農家都因為高齡化及低收入而對未來感到不安。於是他產生了「能不能搭起農業與消費者之間的橋梁，讓農家和都市的人都能過上好日子？」的想法。

他也重新審視果菜行向果菜市場進貨的常識，直接向農家採購賣相不好的蔬菜或水果，藉此打造出不管多便宜，也能讓所有的相關人員都賺到錢的商業模式。

首先要想清楚「想做的事　想提供給顧客哪些價值」，對過去習以為常的常識產生疑問，決定「不做什麼」。

為了實現成本領導策略，必須對常識存疑，明確地區隔「不做什麼」

	想做的事	不做什麼	做什麼
添好運	希望讓更多人以更便宜的價位吃到美味點心	不使用高級食材	•利用經驗與技術在配方上下工夫 •善用在超市就能買到的食材
句八	想讓農家和都市的人都能過上好日子	向果菜市場進貨	•直接與農家交易 •採買賣相不好的蔬菜 •善用賣剩的食材

這樣才能創造出新的商業模式，打破市場行情。

我們身邊也有許多大同小異的價格破壞。

例如剪頭髮的 QB HOUSE 即為一例。

去一般理髮院要先等待，有的還會上髮膠，提供洗頭或按摩的服務，至少得花上一個小時，我經常覺得「好貴啊，而且等待和洗頭、吹整都太浪費時間了」。

前幾天，我終於去附近的 QB HOUSE 剪頭髮，用手機就能知道店裡還有多少人在等，門口還有三色霓虹燈，可以知道要等多久。

我去的時候沒什麼人，先在自動販賣機買票，坐在椅子上等，不能占位置。QB HOUSE

用盡各種方法節省店員的作業。

很快就輪到我了，秀出用手機拍的照片說：「我想剪成這樣。」然後開始剪，十分鐘就剪好了，還剪得很好看。

如果是一般理髮院，接下來還要洗頭，QB HOUSE 則是利用自行開發的強力吸塵器，從天花板降下來吸走斷髮，如此一來就不需要吹乾，因此店面也不需要設置洗頭的設備，在哪裡都能以低成本開店，費用只要平常剪頭髮的幾分之一，而且時間很短，加起來不到二十分鐘就能搞定。

QB HOUSE 也鎖定「剪頭髮」這個最原始的目的，省去洗頭、按摩、吹整的服務，結果除了價格低廉以外，還創造出「短時間」這個新的價值。

QB HOUSE 的創辦人認為「每家理髮院皆以固定的流程把消費者長時間綁在店裡太奇怪了」，因此設計出剪髮以外的服務全部省略，只剪頭髮的商業模式，以一千兩百圓提供十分鐘剪髮（二〇一九年二月以前原為一〇八〇圓）。

添好運、旬八廚房、QB HOUSE 都對常識產生疑問，明確地區隔「不做什麼」，以實現壓倒性的成本領導策略。

物超所值，宜得利的祕密──規模經濟與製造商直營零售店模式

除此之外還有一些實現成本領導策略的方法。

座落於東京銀座的百貨公司引進了宜得利的家具。

前幾天去看了一下，儘管是平日上午，還是有很多消費者專注地參觀家具，寬敞的空間擺滿了風格統一的家具。

我二十多年以前住的地方，附近也有宜得利。

說得不客氣一點，當時的宜得利給人「是很便宜，品質也不怎麼樣」的印象。但銀座的宜得利家具全都很有品質，而且也很便宜，顛覆了我過去的印象。

宜得利在北海道創業，在北海道廣開分店，準備充足後終於揮軍南下。以前宜得利在我家附近開店時，只有三十到四十家分店。

後來不斷廣開分店，目前在全世界共有五百四十五家分店（二〇一八年八月統

計），數量多達十五倍。為何宜得利要不斷地增加店鋪呢？

宜得利的創辦人似鳥昭雄會長二十七歲去美國出差考察的所見所聞是他的起點。

他很驚訝美國的富庶，商品也很便宜，產生「日本還很窮，商品很貴，品質、顏色、材質也良莠不齊。希望能壓低價格，讓家具也能自由搭配，豐富日本人的生活」的念頭。

為了實現這個心願，宜得利高呼「呦，物超所值。」的口號，持續破壞家具業界的市場行情。

為了賣得便宜，必須降低成本，因此宜得利澈底追求兩件事，分別是「**規模經濟**」與「**經驗曲線**」。

所謂的規模經濟是指「生產愈多，成本愈低」的概念。

規模經濟為何能降低成本呢？因為每個商品的固定費用降低了。

宜得利每個月花一百萬圓租借工廠，用來製造家具，每個月的一百萬圓廠租為固定費用。

生產愈多，成本愈低

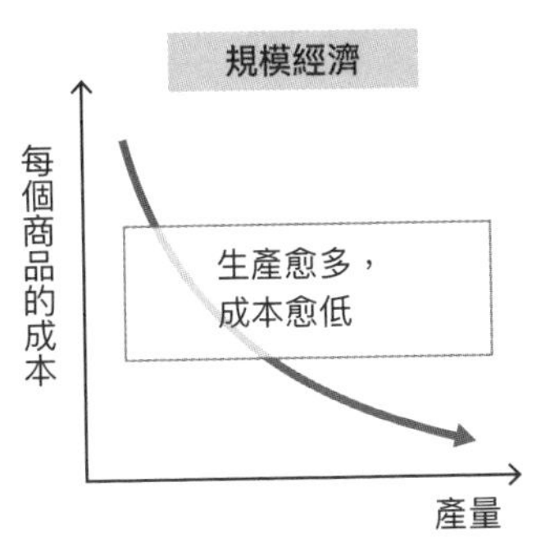

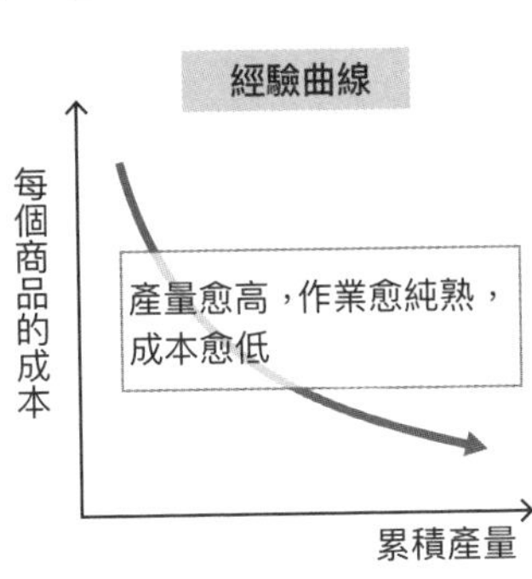

假設工廠每個月生產一百件家具，每件家具的廠租（固定費用）即為一萬圓。然而每個月要是能生產一萬件家具，固定費用就能降低到一百圓。可見生產愈多家具，每件商品的固定費用就愈便宜，成本亦隨之下降。

此外生產愈多家具，就能向業者採購更多原料，這麼一來，業者也會更重視宜得利，有助於宜得利進行要求原料降價的交涉。

以大量生產來降低各方面的成本就是所謂的規模經濟。

另一方面，**經驗曲線**則是產量愈高，作業愈純熟，成本愈低的意思。

當你在處理沒做過的工作時，工作量愈高，

應該也會更了解作法，累積經驗，更能提綱挈領地完成工作。由此可知，工作的經驗值愈多，效率愈好，成本愈低。

順帶一提，賣兩百圓便當的店家雖然努力降低進貨成本，但只有一家店鋪，效果畢竟有限，要是能多開幾家分店，就能發揮規模經濟與經驗曲線的作用，以更低廉的成本提供便當。

宜得利首先以開一百家店為目標，再達成兩百家分店的目標。店鋪數量愈多，來客數也會增加，有助於規模經驗發揮更大的效果。

店鋪的型態會隨時代而異，除了銀座以外，在新宿、上野、池袋等地的百貨公司也都有分店。

接下來稍微換個話題，各位知道百貨公司賣的衣服成本是多少嗎？其實只占定價的兩成，定價一萬圓的衣服只要兩千圓的成本。

百貨公司的衣服把定價訂得相當高。

百貨公司透過盤商進貨，如果賣不完，不是降價求售，就是銷毀，在這樣的前

成本兩千圓的衣服在百貨公司賣一萬圓，採 SPA 模式只要四千圓

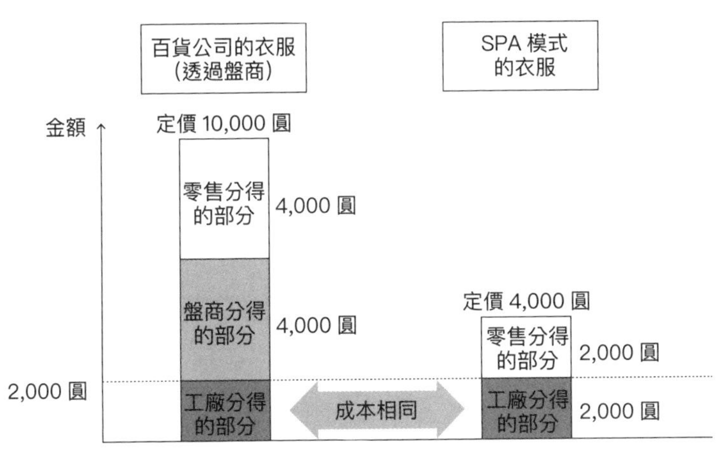

參考「成衣供應鏈研究會報告書」
(經濟產業省製造產業局 2016 年 6 月資料) 由筆者製圖

提下決定定價，等於是把多出來的成本丟給以定價購買的人負擔。透過盤商是幾十年前的銷售方法了，至今仍未改變。

另一方面，優衣庫或 GAP 的成本占定價五成。

以四千圓的定價販賣成本兩千圓的衣服。

這是因為不透過盤商或零售業者，從生產到販賣全都在公司內部進行，而且努力在自家公司的店鋪賣完所有的商品。

如此一來，商品的交易會變得很流暢，不會產生浪費，再加上大

量販售，讓規模經濟更有效率，以便用更低的成本提供商品，從而降低價格。像這樣從採購原料到賣給消費者的店鋪，全都在自家公司旗下的型態就稱為「**SPA 模式**」（製造商直營零售店模式）。

在自家公司生產，由自家公司的店鋪販賣，直接送到消費者手上，中間沒有任何浪費，就能降低成本，以更便宜的價格提供。

宜得利也是由自家公司採購原料及材料，開發、生產商品。為了實現「提供便宜的家具，讓日本人過得更好」的理想，從生產家具到販賣都採行 SPA 模式。

本章一開始介紹的旬八也是以農業版 SPA 模式為目標，同樣直接向農家進貨，在公司旗下的店鋪販賣。

EDLP 策略（每日低價策略）則是更澈底破壞市場行情的訂價法，從不舉行特賣會，而是保證隨時皆以最低價格提供。

西友超市採取「固定以最低價提供商品，且今後幾個月都不會調漲價格」的「價格鎖定」策略，這也是 EDLP 策略。

消費者完全不需要猶豫「這個夠便宜嗎？」可以放心地購買。而且「那家店最便宜」的風評也能吸引更多消費者上門。

宜得利也把價格壓低到幾乎貼近成本，幾乎不打折。

EDLP 策略是以「消費者隨時都能放心購買」為目標。

「賣不出去就降價」為什麼行不通

「這樣啊，還是要夠便宜才賣得出去吧，我們家也來降價，瘋狂倒貨吧。」

或許也有人會這麼想，請等一下。

要以降價求售來賺錢有一個大前提，那就是要先澈底地壓低成本。

這句雖然有點像是廢話，但事實是世界上不先削減成本，輕易地「賣不出去就降價」的例子要多少有多少。

只模仿到成功破壞市場行情的公司皮毛就投入削價競爭的話，肯定會失敗。

不先建立成本領導策略的商業模式，就去挑戰價格破壞者，等於是不帶武器就直接衝到戰爭的第一線，只能用有勇無謀來形容。價格破壞者有一套就算破壞市場行情也能賺到錢的商業模式。

大塚家具於二〇一五年四月將鎖定有錢人的高價位路線轉換成提供中價位商品給一般家庭的策略，舉行了一連串的特賣會。

特賣期間，顧客變多了，營收也暴增，但特賣會吸引到的消費者並沒有留下來。如同六十一頁的圖所示，幾乎每個月的業績都比前一年低，圖中灰色的部分是營收低於前一年的月份，只有舉辦特賣會的月份會高於前一年，特賣的效果也逐漸下降。

而且在大規模的促銷活動後一定會產生反作用力，看圖可知三次促銷的十二個月後，營收都大幅下降，不但沒有達成當時「利用促銷活動來吸引消費者」的目的，反而還因為促銷活動導致消費者不斷流失。

就連抱著虧損的決心，也無法以降價求售戰勝進軍中價位區後成為競爭對手的宜得利。

大塚家具的營收因特賣一時增加，卻失去了顧客

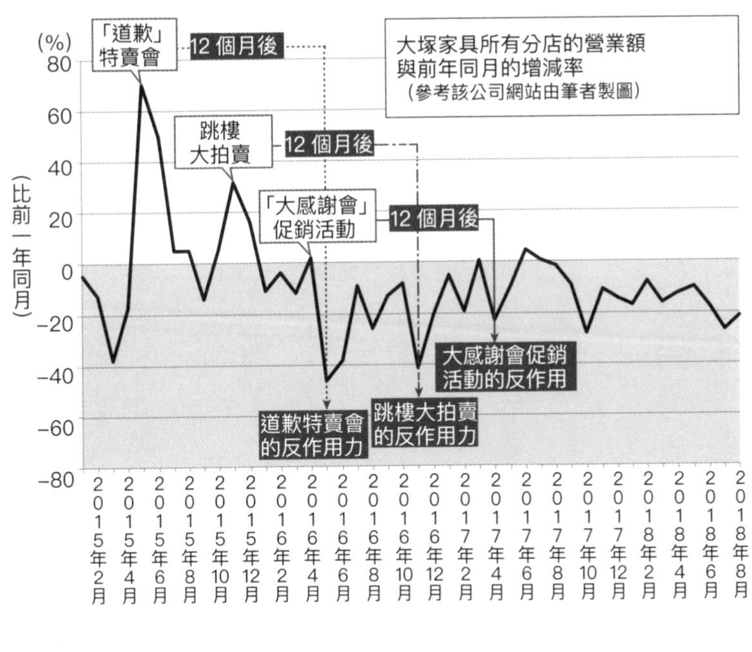

大塚家具一共有十九家分店，宜得利為五百四十五家（兩者皆為二〇一八年八月統計），規模是大塚家具的二十八倍，以規模經濟來說，宜得利占有壓倒性的優勢。

更何況大塚家具也不像添好運或QB HOUSE那樣，具有能以低於其他公司的成本提供商品或服務的商業模式。

宜得利在「以優惠的價格提供中價位商品給一般家庭」的成本領導策略占有壓倒性

的優勢，也累積了數十年的經驗。多半得向外面進貨，無法實現 SPA 模式的大塚家具無法以低成本生產家具，因此處於中價位區的一般家庭會選擇既便宜、品質也好的宜得利，就算大塚家具以削價競爭與宜得利正面交鋒也沒有勝算。

不削減成本就發動削價競爭會有什麼後果呢？

會要求第一線的工作人員「總之給我加油、靠著責任制給我撐過去」，會勉強合作對象「降低進貨費用」。

抱著虧損的決心舉行特賣會，只會吸引到前來撿便宜的消費者，最後落得商品品質降低、產量減少的下場。

不削減成本就貿然降價，沒有人會得到幸福，一定會影響到工作人員、合作對象、公司的業績、乃至於消費者。

不削減成本就貿然降價簡直是「飲鴆止渴」，一旦打折，就只有打折的時候才賣得出去，每次結束特賣就突然賣不出去，就算不得不繼續打折，打折的效果也只會愈來愈差，消耗公司、員工、合作對象的體力，如同一直注射毒品會侵蝕身體那樣。長此以往，公司體質會變得衰弱，逐漸變成黑心企業。

添好運也好、旬八廚房也好、QB HOUSE也好、宜得利也好，無不絞盡腦汁「想以便宜的價格提供更好的東西給消費者」，努力將成本壓到最低，即使破壞市場行情也能賺到錢。這種降價才能帶給世人幸福。

並非「便宜甩賣便宜的東西」，而是「便宜地賣出好東西」。

要便宜地賣出東西，就必須時時刻刻努力壓低成本。

我想鄭重地告訴什麼也不想就大放厥詞「賣不出去就給我降價」的管理者：

「請先吃過旬八廚房的便當、品嚐添好運飲茶、去QB HOUSE剪頭髮、到宜得利買家具，仔細想想他們是怎麼便宜地賣出東西，再思考貴公司要怎麼降低成本。」

破壞市場行情是條荊棘密布的不歸路

事實上，就算成功地破壞市場行情也不能就此放心。

如同第一章提到，成功地破壞市場行情後，消費者會產生「那家公司很便宜」的印象，一旦調漲價格，消費者就會一去不回頭。

破壞市場行情是條荊棘密布的不歸路，必須做好「再也調不回高價位」的心理準備再降價。

宜得利也採行「同一件商品絕不漲價」的方針，理由是「一旦漲價，消費者就會被其他公司搶走」。

破壞市場行情還有個陷阱，那就是再便宜都只有一段時間的蜜月期。

7-11於二〇一三年開始的「SEVEN CAFÉ」也不例外。

SEVEN CAFÉ實現了只要一百圓就可以隨時隨地喝到正統咖啡的理想，也破壞了咖啡市場的行情。

然而才不到一到兩年，LAWSON 和全家就展開反擊，如今隨時都能喝到便宜的咖啡，一百圓的 SEVEN CAFÉ 再也不是 7-11 獨有的優勢。

破壞市場行情遲早會失去新鮮感，被競爭對手追上。

再便宜也不仰賴低價策略——亞馬遜不怕低價競爭對手的原因

我在網路上買東西時總是選擇亞馬遜，不是因為便宜，而是因為十年前的經驗。

我上亞馬遜購買電腦零件，但是該零件和我的電腦合不來，無法使用。我打電話給亞馬遜，對方的態度極為誠懇，爽快地接受退貨。

這個體驗讓我產生「向亞馬遜買東西很放心」的印象，從此以後，幾乎所有上網買的商品都來自亞馬遜。

亞馬遜給人破壞市場行情的印象十分強烈，然而亞馬遜最重視的其實是顧客滿意度，而不是價格。亞馬遜的創辦人傑夫．貝佐斯如是說：

「即使有人賣得比敝公司便宜百分之五，我也一點都不擔心，我擔心的是出現能提供比敝公司更美好經驗的企業。」

亞馬遜旗下各式各樣的服務都貫徹著這個邏輯，低價只是亞馬遜滿足顧客的其中一環，所以亞馬遜才會立於不敗之地。

光靠削價競爭，遲早一定會出現價格更便宜的競爭對手。

百貨公司原本在零售業界一枝獨秀，後來被折扣商店破壞了市場行情。再後來，亞馬遜殺出重圍，發動破壞市場行情的競爭，急速擴張市場占有率。由於技術每天都在進步，就算透過破壞市場行情占了上風，肯定也會出現更便宜的競爭對手，所以不能只因為「價格」便宜就安下心來，應該繼續追求價值。

破壞家具業界市場行情的宜得利也知道光靠價格有其極限。

宜得利公司內部有一條「宜得利憲法」，直到二〇一二年都是「一是便宜，二是便宜，三是便宜，四是剛剛好的品質、五是協調性」。

二〇一三年變成「一是便宜，二是剛剛好的品質、三是協調性」。

因為日圓急速貶值，從海外進貨的價格上升，光靠低價賣東西變得很不容易，因此宜得利決定推出名為「宜得利品質產線」的中價位商品，品質比宜得利過去販賣的低價位商品好，所以價格也高一點，但是又比競爭對手便宜，好讓消費者覺得「呦，物超所值。」願意買單。

澈底地追求低價，以便宜的價格提供更好的產品對世人具有非常大的價值，然而光靠便宜取勝，遲早會碰壁。

也必須同時思考如何提高價值，提高價值的方法將於下部為讀者介紹。

不輕信常識，捨棄理所當然的成見，
澈底釐清「不要什麼」，
方能破壞市場行情。
如果沒做好這些功課就便宜賣，
會變成黑心企業。

本章的重點

- 鑽研**成本領導策略**。
- 決定好不做什麼。
- 為了破壞市場行情，必須澈底追求**規模經濟與經驗曲線**。
- 以 **SPA 模式**減少浪費。
- **EDLP 策略**是隨時提供最低價格，而不是舉辦特賣會。
- 疏於削減成本的降價無異是「飲鴆止渴」。
- 再便宜也別仰賴低價策略。

第3章

零元參加聯誼活動的祕密

免費的商業模式

免費參加的聯誼活動

我有個朋友叫美加，目前正在徵婚，起因是被年近四十的前輩念了：「誰叫妳長得不好看。妳才二十出頭，不如趁著年輕趕快把自己嫁掉。像我，二十五歲的時候人人搶著要，可是這一年來都沒人要約我了。」真是個為晚輩著想的好前輩（還有，以上是轉述前輩說的話，並非我本人的意見）。

如此這般，美加以聯誼活動為主，正在努力找對象。

美加有個單純的哲學：「如果不能以外表取勝，就以次數取勝」聯誼活動也單純以次數取勝，週末要趕好幾場是常有的事。

我擔心她，問了：「要以次數取勝也無妨，但經濟上沒問題嗎？」她回答：「完全沒問題。因為我只參加女性免費的聯誼活動。」

聽說有很多聯誼活動是女性免費，反過頭來提高男性的參加費。

我心想「這樣不會有很多女生只是來吃飯嗎？」但美加說：「你什麼也不懂耶，

這就是我的目的啊！」

其他女生都是競爭對手，和只是來吃飯的女生比起來，她原本就「志不在此」。

雖然我覺得她似乎搞錯「志」的意思了，但也一心祈禱美加能如願以償。

聯誼活動正在街頭巷尾大流行。

不久之前去婚友社諮詢還要偷偷摸摸的，沒想到今時已不同往日。

大部分的聯誼活動都是女性可以免費參加，就算要收錢也比男性便宜很多。

若是免費，像美加那種手邊閒錢不多的年輕女性也能輕鬆參加。

女性參加者一多，男性參加者也會認為參加費付得有價值。

順帶一提，限定醫生參加的婚友社反而多半是男性醫生可免費參加，反過來提高女性的參加費。

這裡有一個問題，我可以理解免費的聯誼活動對美加那種人很有吸引力。

可是有必要讓有錢的醫生免費參加嗎？

答案是「免費」具有不可思議的魔力。

一旦免費，使用者就會暴增的原理

行為經濟學家丹・艾瑞利做過以下的實驗。

準備好高級巧克力（松露巧克力）和普通的巧克力（賀喜巧克力）進行兩個實驗。

實驗一

以高級巧克力一個十五圓（比行情便宜很多）、普通巧克力一個一圓賣給學生，結果學生多半選擇超划算的高級巧克力，百分之七十三的人都買高級巧克力，只有百分之二十七的人買普通巧克力。

實驗二

各自降價一塊錢，高級巧克力變成十四圓，普通巧克力則變成零圓，如此一來

丹・艾瑞利的巧克力實驗

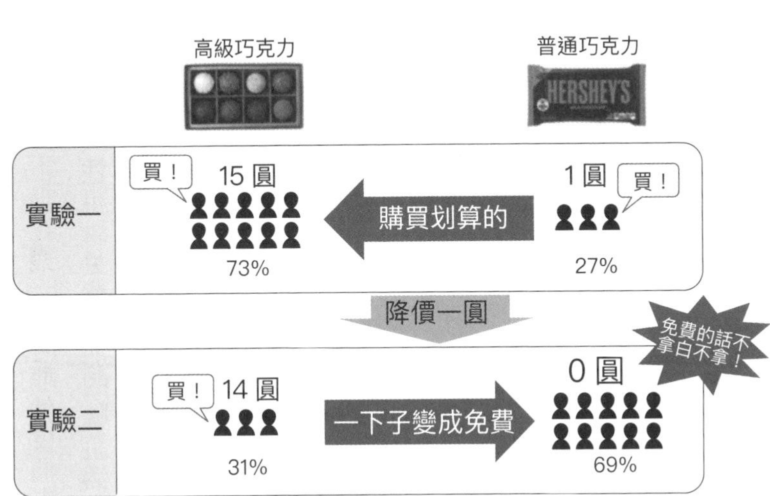

情況居然反過來，免費的普通巧克力壓倒性地受歡迎，購買高級巧克力的人只剩下百分之三十一，購買普通巧克力的人增加到百分之六十九（因為是在美國做的實驗，所以金額的單位其實是「美分」，為了便於理解才改成「圓」）。

人在買東西的時候，就算只要花一塊錢，也會思考「這塊錢花得值得嗎？」行為經濟學稱其為「捨不得花錢」的心理，然而一旦變成免費，「捨不得花錢」的心理就會消失，結果是人們會不假思索地拿起商品，開始使用。

有錢的男醫生也一樣，一旦可以免

費入會，「捨不得花錢」的心理就會消失，開始思考「那就參加吧」。

不管是女性可以免費參加的聯誼活動，還是男醫生不用入會費的聯誼活動，都是以免費來吸引能夠提高活動價值的人，避免他們產生「捨不得花錢」的心理，好讓他們都能輕鬆地參加，藉此提升活動的吸引力。

如此一來就能吸引到「付錢也想參加」的人。

觀察我們的四周，到處充滿了免費的商業模式，電視和廣播都免費，上網搜尋和臉書也免費。

流行過一陣子的零圓手機也是，Cookpad 和 Tabelog 也都免費。

可以想見「這是靠廣告費賺錢吧」或「手機的成本是從通話費回收吧」，但刻意免費還是基於人類的深層心理。

害怕「失去什麼」是人類的本能，花錢買東西就是會失去金錢。

害怕「失去什麼」的恐懼反過來說就是免費之所以吸引人的本質。

免費對有錢人也具有強烈的吸引力。

這種免費的商業模式有時候甚至具有改變社會的能力。

因為不用手續費，中國就連遊民也有電子錢包

後輩辭掉工作，開了一家餐廳，店面不大，價位也不高，而且還很好吃。

當我要用電子錢包付帳時，後輩一臉歉意地說：

「小店只收現金。」

刷卡要付發卡銀行百分之幾的手續費，電子錢包也要專用的機器，為了提供便宜又美味的餐點，必須樽節開支，所以只收現金。

有很多店都和這家餐廳一樣，直到現在還是只收現金，例如百圓商店、部分的計程車或咖啡廳等等。電子錢包明明很方便卻不普及，也是因為門檻對有些店還是太高。

中國在這方面很先進，幾乎已經沒人在使用現金了，就連遊民也有電子錢包。

中國的遊民坐在路邊，眼前擺的不是空罐，而是印有二維條碼的紙（所謂的二維條碼就是海報角落或食品包裝上經常可以看到的四方形條碼）。衣食無虞的人用手機讀取二維條碼，透過網路匯錢給遊民。

這都虧了收錢那方的電子錢包不需要付手續費，再加上操作簡單，「只要有印著二維條碼的紙和手機即可」，大幅降低門檻也有助於普及。

和中國比起來，日本的電子錢包比較麻煩，店家還得付手續費，對於像後輩的餐廳那種店的門檻高到甚至會讓人誤以為「其實根本無意讓電子錢包普及吧？」

順帶一提，中國的電子錢包是由電商阿里巴巴的「支付寶」或騰訊的「微信支付」提供。

那麼，支付寶或微信支付又靠什麼賺錢呢？

只要使用者上億，多的是方法可以賺到錢，像是提供信用卡支付以收取利息，在應用程式上刊登廣告，或是善用支付的數據，提供服務給各行各業的業者。

阿里巴巴善用電子錢包的付款記錄，展開融資時提供借方的信用狀況給貸方的「芝麻信用」服務，因為擅自使用個資，在日本會引起很大的社會問題，但是在中國，信用評分比較高的人可以比較有利的條件申請到融資，所以使用者反而會積極地提供資訊。

阿里巴巴和騰訊皆以不收取付款手續費的方式一口氣搶下市場，吸引到數量多得嚇人的使用者，從而設計出會賺錢的商業模式，這也是免費的商業模式改變社會的例子之一。

到了二〇一八年，日本也突然多出許多瞄準電子錢包普及的服務，其中不乏跟中國一樣，強調只要有二維條碼與手機，不需要手續費的服務，今後也很值得探討。

門可羅雀的滑雪場因「十九歲免費」起死回生

日本也有很多免費的事例。

例如業績不振多年的滑雪場，如今正逐漸起死回生，這都拜「十九歲限定」的免費方案所賜。

滑雪場一天要價幾千圓的纜車券對年輕人是很大的花費，因此針對十九歲的人提供免費搭乘纜車的服務。

二〇一六年，每六點五個十九歲的年輕人中，就有一個人免費搭乘過纜車，在年輕人之間大受好評。

為何限定十九歲？滑雪要從大學時代開始，才會變成一生的興趣，可是年輕人並不了解滑雪場的魅力。說穿了，滑雪場的魅力在於具有可以讓土里土氣的男生颯爽滑行的英姿看起來很帥，讓戴上毛線帽、穿著滑雪裝的女生看起來比平常可愛三成的「滑雪場魔法」。

所以必須先讓他們在滑雪場實際體驗過滑雪的樂趣。

於是開始推出「十九歲限定」的免費方案，一下子都在隨時都跟同年紀的人混在一起的年輕人間口耳相傳開來，而且年輕人中原本就有大約有百分之五的人熱愛滑雪。

拜「十九歲限定」的免費方案所賜，他們開始能輕鬆地約朋友一起去滑雪，利用口耳相傳的效果將滑雪推廣開來。

可以應用在生活周遭的免費商業模式——試用服務、贈品

我們很容易陷入「只有像亞馬遜或谷歌或臉書那種非常先進的大企業，可以大手大腳地花錢，才能提供免費商業模式」的迷思。

免費商業模式其實是奠基於「以免費的方式消除捨不得花錢的心理，讓更多人樂於使用」的邏輯。

只要掌握住這個重點，就能意外輕鬆地應用在你目前的工作上。

假設你有一家自己的店，採購特殊的食材來賣。

只要用那種食材，就能做出美味的餐點，可是怎麼都賣不出去，像這種時候，你可以製作以那種食材入菜的食譜，免費發送。

該食譜繼續發揚光大，就成了以星星的數量評價全球餐廳的「米其林指南」。

話說回來，各位知道米其林指南原本是免費的嗎？

輪胎大廠米其林在一九〇〇年的巴黎萬國博覽會上免費發送三萬五千本第一本

米其林指南給當時剛開始普及的汽車司機，書中整理了加油站及汽車修理廠的資訊。

這是基於「開車的人愈多，輪胎就能賣得愈好」的想法。

然後從一九二六年開始，以星星的數量為提供料理的飯店排名。

米其林指南原本是米其林為了提高自家商品的輪胎價值，免費發送的贈品。

所以你為了提高食材的價值而免費發送的食譜，將來或許會變成米其林指南也說不定。

其他還有很多方法，「首次免費試用服務」也是一種免費商業模式。

大部分的數位版新聞都設定新用戶可以免費體驗一個月的期間，如果不喜歡，只要在免費試閱期間解約即可，不用付錢。過了免費期間就要收費，如果想繼續訂閱，只要保持現狀即可。一旦初次免費試閱期間不用花錢，就能大幅降低消費者開始訂閱的門檻。

「只要買幾個就免費贈送一個」也是強調免費以消除「捨不得花錢」的心理。

例如「只要買四個定價一百圓的商品，就免費贈送一個」的促銷跟「買五個就打八折，等於是五百圓變成四百圓」一樣，其實是打折。

只不過，對打折完全沒反應的消費者，一聽到「第五個免費」，「消除捨不得花錢心理的開關」就會打開，反射性地認為「不想錯過這個機會」，出手買下。

這個方法還有一個優點，那就是消費者並不認為這是「打八折」，因此消費者對該商品價格的錨點依舊是定價，並未降低。

換個立場，假如你是消費者，店家告訴你「只要買幾個，就免費贈送一個」的時候，也必須冷靜下來思考「真的需要買到那麼多個嗎？」

免費商業模式只有四種

那麼，要如何思考免費商業模式才好呢？

寫出暢銷全球的《免費！揭開零定價的獲利祕密》的克里斯．安德森將免費商業模式分成四種，以下帶大家一個一個揭密。

免費商業模式只有四種

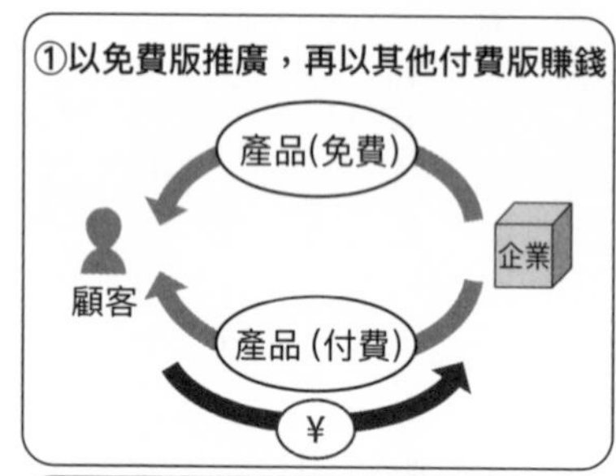

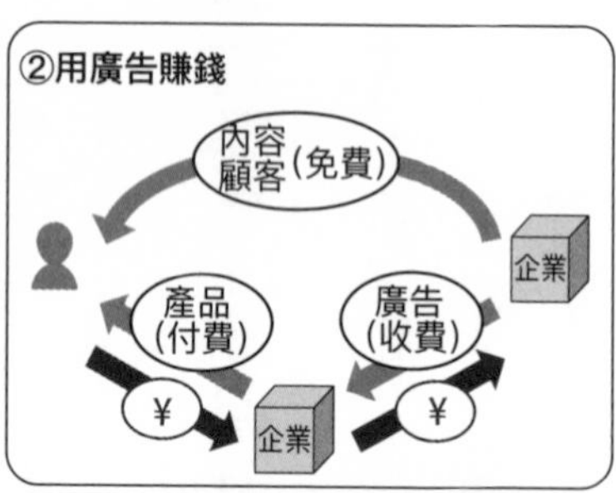

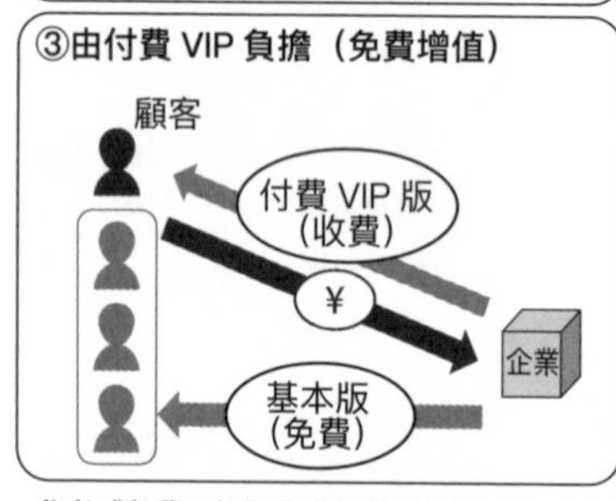

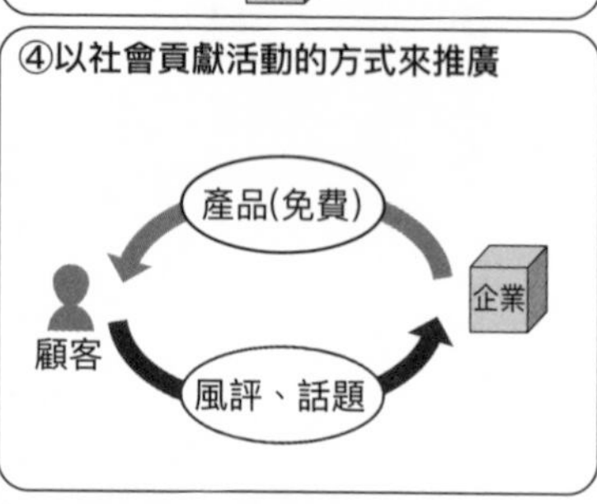

參考《免費！揭開零定價的獲利祕密》（克里斯．安德森著）由筆者製作

①以免費版推廣，再以其他付費版賺錢

免費提供消費者想要的商品，再以其他付費商品回本的商業模式。

零圓手機就是以免費提供手機的方式從通話費回本。

聯誼活動也是把免費參加者的成本轉嫁到付費參加者的頭上。

初期的米其林指南則是免費發送給汽車駕駛的指南書，再透過賣輪胎回收。

②用廣告賺錢

拜用廣告賺錢的模式所賜，我們可以免費收看電視或收聽廣播，因為廣告費就含在我們買的商品價格裡。

網路還不普及的時代，每家日本便利商店的雜誌區都有 Recruit 發行的《週刊住宅雜誌》這本厚厚的雜誌，裡頭網羅了許多住宅物件，是找房子時不可或缺的工具書。

讀者以定價購買這本雜誌，但 Recruit 其實並未向便利商店收錢，所有賣書的錢都進了便利商店的口袋，所以各家便利商店全都二話不說地陳列《住宅情報》，Recruit 得以迅速地拓展銷售通路，因為賣得很好，《住宅情報》的價值水漲船高，因此也從刊登住宅物件的賣方身上收到很多錢。

《住宅情報》向身為通路的便利商店提供的免費服務就是「廣告模式」（目前《住宅情報》已經改版成名為 SUUMO 雜誌的免費刊物）。

③由付費 VIP 負擔（免費增值）

免費增值是由 free（免費）與 premium（增值）創造出來的新詞，意指推廣免費版，透過付費版來回收成本的機制。

舉例來說，我們家拜食譜網站 Cookpad 所賜，製作出美味的料理。只要以兩百八十圓的月租費成為付費 VIP 的會員，就能以食譜受歡迎的程度搜尋，找到更簡單也更好吃的作法。

另外，我也常用 Tabelog 找餐廳，只要以三百圓的月租費成為付費 VIP 的會員，就能搜尋排行榜，還能得到優惠券，對活動主辦人是很方便的功能。

以上全都是增加免費使用者，從部分（百分之幾）的付費會員身上提高收益的方法。

乍看之下，百貨公司地下街的試吃品也差不多，皆為免費提供。

然而，免費增值與試吃品有個很大的不同點，那就是成本。

每增加一個商品或一位使用者所需要的成本稱為「邊際成本」。

試吃品的邊際成本為幾十圓，可是像 Cookpad 或 Tabelog 那種網路服務即使增加使用者，成本也幾乎沒差，所以幾乎不用邊際成本。就算免費的使用者增加了，也能靠只有百分之幾的付費使用者消化那些成本。

由此可知，正因為是網路服務，才能發揮免費增值的巨大價值。拜手機也能上網所賜，免費增值已經成為我們生活的一部分。

④以社會貢獻活動的方式來推廣

社會貢獻活動也能使用免費的商業模式。

我們一看到不明白的單字，就會立刻用手機上網搜尋。

絕大部分的單字在維基百科都有詳細的說明，維基百科的資料是由不求回報的義工輸入、更新。

順帶一提，使用維基百科時，經常會跳出要人捐錢的畫面，維基百科就是靠這些捐款維持。

奇摩知識＋也是由解答者免費回答發問者的問題。

只要有「想幫助別人」的想法，就能利用網路，以最少的成本幫助別人。

免費商業模式的重點與注意事項

「原來如此！只要免費不就好了嗎，我們也馬上提供免費服務吧！」

或許也有人會這麼想，請等一下。

這世界可沒有這麼簡單，不是免費就一定會賺錢。

毋寧說免費的商業模式有其非常恐怖的一面。

免費商業模式的重點在於必須澈底地理解。

1. 能提升利潤嗎？

為了生意能繼續做下去，一定要有利潤。「免費商業模式」聽起來很帥氣，但是再怎樣都是「商業模式」，不是「慈善事業」。

為了繼續推行免費商業模式，必須確實地提升利潤。

必須思考以免費消除「捨不得花錢」的心態，爭取到新顧客之後，要從哪裡賺錢、產生利潤，不能一直推行無法提升利潤的免費商業模式，這也會給使用者添麻煩。

2. 正因為免費，才要提高品質

「反正免費，品質低一點也無所謂」的想法大錯特錯。

要是百貨公司地下街的試吃品不好吃，你還會買嗎？

因為試吃品好吃，消費者才會想買。

免費商業模式也一樣，正因為有許多人用，才必須免費提供高品質的內容。

大量發送低品質的免費版，等於是有意讓不好的風評傳得街知巷聞。

3. 如何決定免費的範圍至關重要

如果要免費提供，就必須慎重思考，鎖定免費提供的範圍，決定免費提供的期間，為商品的功能設限。

「十九歲限定」免費方案的關鍵在於不是所有人，而是只有十九歲的人才能免費搭乘纜車。

這是澈底思索讓滑雪場起死回生的方法，得到「讓大學生體驗滑雪至關重要」的結論，鎖定十九歲的客群，提供免費服務。

纜車券的營收是滑雪場很重要的收益來源，要是讓所有人都免費搭乘，只會虧損連連。更重要的是，讓十九歲的人感受到「這是專屬於我們的服務」的與眾不同感就會消失。因為明確地鎖定希望招攬的目標顧客，讓那些人免費使用才能成功。

順帶一提，也有「二十歲限定」的方案，二十歲可以享受纜車券最多打對折的優惠。這是基於讓十九歲時免費嘗到滑雪樂趣的人隔年也繼續來滑雪的用意。

聯誼活動之所以讓女性免費參加、限定醫生的婚友社之所以免除男性醫生的會費，都是明確區隔出免費目標顧客的結果。

Cookpad 可以免費看到所有的食譜，但是要搜尋熱門的食譜就要收費。

Tabelog 也可以免費看到所有的餐廳，但是活動主辦人用的知名店家搜尋或優惠券則要付費。

必須策略性地決定好免費的範圍。

4. 免費商業模式是一帖猛藥

我老婆以前上過某位料理研究家的烹飪教室，這位老師出版過許多食譜，但突然不出書了，老師是這麼說的：

「因為有 Cookpad 就夠了，食譜已經賣不出去了。」

直到十年前，大家都是買食譜來學做菜，但現在已經是免費的時代了。

對於現有的業者而言，免費商業模式是一帖猛藥，具有破壞市場的力量。

一旦免費，消費者就會認為「免費是理所當然」。

如果是從收費變成免費，一旦要再度收費，認為「免費是理所當然」的消費者捨不得花錢的心態會比以前更強烈，更不想買。

舉例來說，我們平常使用的谷歌搜尋是免費的，「上網搜尋不用錢」對我們來說已經是常識。

萬一出現付費的搜尋引擎，就算功能再好，我們大概也不會用，因為有谷歌就夠了，而且目前要做出性能超越谷歌的搜尋引擎也難如登天。

因此如果要讓目前做的生意免費，應該要審慎思考後再決定。

中小企業最好不要突然讓賣得好的商品免費，一旦免費，就算改變心意「還是賣不出去，調回原價吧」，消費者也不會像以前那樣乖乖地掏錢出來，這對本錢不夠雄厚的中小企業是很大的風險。

必須如前所述，慎重地思考免費的範圍。

以書為例，倘若一下子免費公開全文，書就賣不出去。

不過，其中也有免費公開全文而成為暢銷書的例子。

NHK出版社在出版本章引用的克里斯·安德森著《免費！揭開零定價的獲利祕密》日文版時，特別架設了網站，在出版前的特定期間讓一萬人免費閱讀全部的內容，掀起很大的話題，成為暢銷書。

這也是基於「製造話題，讓紙本書成為暢銷書」的明確目的，在「出版前的一定期間」「限量一萬人」的條件下，推行免費化的成功案例。

反過來想，對於剛進入市場，不會有任何損失的人而言，免費商業模式可能會成為威力非常強大的武器。不過必須立定收益化的目標，這點前面已經說過了。

如上所述，免費商業模式有很多優點，也有很多問題。

因此也有人一開始就放棄免費版，採取向使用者收取微薄金額的「定額服務」，這部分將在下一章為各位介紹。

免費提供可以消除「捨不得花錢」的心態，讓使用者迅速增加。要思考如何免費提供高品質的商品，又能從中獲利的商業模式。

本章的重點

- 只要掌握住「**免費可以消除捨不得花錢的心態**」這個重點，就能將免費商業模式運用在你的工作上。
- 這時要思考**免費商業模式**的四種型態。
- 正因為免費，才要高品質。
- 請設定好**免費的範圍**。
- 免費商業模式是一帖猛藥，開始時要慎重。

第4章

比起「販賣」衣服，「出租」衣服還比有賺頭

訂閱模式與維持現狀的偏見

她一再換車的原因

我在臉書上發現一張女性編輯心滿意足地把手放在黑色 PRIUS 車頭蓋上的照片。（對了，她不是本書的編輯）

「這位小黑從今天起就是我的朋友了。」

印象中三個月前，她開的還是迷你廂型車，半年前則是敞篷車。

三分鐘熱度的她收入並非特別高，怎麼能一直換車呢？是開發了流行的副業，還是收入突然變多？

幾天後，我和她開會的時候不經意地提起車的事。

「聽說妳好像換車了？」

「哦，你說那個啊？我不是換車，而是改租別輛車。」

她說自己申請了繳交月租費就可以換車的服務。

我十年前也有車，但是保險、稅金、車檢等等都要花錢，手續也很麻煩，更何況我幾乎不開車，所以就把車賣掉了。

但她申請的服務似乎也包含強制險、稅金、車檢等費用。最近可以任意換車的服務愈來愈多，其中不乏每個月可以從一萬輛車子裡隨便換的服務。

另一方面，據說也有付三十萬圓就能租用保時捷的 Cayman 等高級車三個月的服務。

「繳稅和車檢很麻煩，老開同一輛車也會膩，就跟換衣服一樣，偶爾也會想換輛車子開開不是嗎？我下次要換賓士的 Kompakt，雖然是二手。」

原本視「持有」為理所當然的車子居然也能以一定金額租到爽為止。

衣服也能以一定金額租到飽

「就跟換衣服一樣……」但她對穿衣服毫不講究。

我立刻想到她開會時居然穿著漫畫青蛙蹦吉T恤就來了（老實說有點土……），但實在說不出口。

聽說她也曾經被女性友人嫌棄過「就不能打扮得好看一點嗎？」

這樣的她突然變時尚了。

不斷在IG上傳自己穿上漂亮衣服的自拍照，不免讓人懷疑「女人突然變得重視打扮是因為……？」

有一天，和她開完編輯會議，進入聊天模式時，我若無其事地問她：

「妳最近變時髦了耶。」

說出口才意識到這句話或許會被當成性騷擾，但本人看似沒放在心上。

「挑衣服好麻煩噢。」

「……？」我不太明白她這句話的意思，但既然她都開口了，總得把話接上。

「很適合妳喔。」

「又不是我選的。」

「……？」，細問之下才知道是某種「衣服租到飽」的定額服務。又是定額的月租型服務，一次可以收到三套由造型師搭配的衣服，還的時候不必先送洗，如果有看上眼的衣服也可以直接買下不用還。

「我們家很小，這麼一來就不用煩惱要買哪件衣服，也不用煩惱自己選老是選到土里土氣的衣服。」

她似乎也有她的煩惱。

曾幾何時，不只車子，就連衣服也能以一定金額租到飽。

不知不覺迅速成長的訂閱模式

當天晚上，看到電視又嚇了我一跳，沒想到連拉麵也可以一定金額吃到飽。

「野郎拉麵」開始提供可以用一定的金額一天吃一碗拉麵的服務「一天一碗野郎拉麵生活」（對象為十八到三十八歲的「野郎世代」）。費用為八千六百圓，取自「野郎」的諧音。如果是七百八十圓的招牌拉麵「豚骨野郎」，一個月只要吃十二碗就能回本。肉量很多，口味很重，所以我還以為「沒辦法每天吃，頂多一週三次」，不料得到熱烈的回響，據說有七位勇士一個月內每天都去，還獲得店家頒發的感謝狀。

「定額服務真的能在市面上吃得開嗎？」

我認為必須確實驗證才行，所以調查了一下，發現到處都有定額服務。

月租費五千八百圓，咖啡喝到飽的咖啡館。

月租費一千五百圓，所有分店都能使用的連鎖 KTV。

月租費六千八百圓，名牌包隨你租的服務。

月租費兩千圓就能租到飽的腳踏車。

仔細想想，Netflix 也是以八百圓的月租費就能收看線上的電影及連續劇。

Spotify 可以用九百八十圓的月租費聽所有喜歡的音樂。

DoCoMo 的 d 雜誌則是以四百圓的月租費閱讀兩百本以上的雜誌。

不知不覺間，我們身邊早已充滿了定額服務。

像這種以會員制收取固定費用的商業模式稱為「訂閱模式」。

「訂閱模式」聽起來很厲害，原文 subscription 是定期購讀雜誌的意思，說穿了也沒什麼，其實是我們從以前就很熟悉的訂閱雜誌的邏輯。

為何訂閱模式現在會大行其道呢？

訂閱模式的可怕之處在於「李代桃僵」。

明明沒有訂購卻偽裝身分享受服務的人愈來愈多的話，生意就無法成立。

二〇一七年十二月，中國四川省成都的某家麻辣餐廳舉辦「每個月付兩千圓成為會員，就能吃到飽一個月」的促銷活動，因為佳評如潮，每天超過五百人來店裡。然而把會員卡借給別人的消費者屢見不鮮，甚至出現了吃完以後還把飯菜裝在自己帶來的巨大保鮮盒帶回家的人，讓店家蒙受龐大的虧損，不到一個月就倒閉了。

再也沒有比「李代桃僵」更可怕的事。

訂閱模式大行其道還有一個原因，那就是因為手機應用程式普及，得以簡單又確實地檢查是否為本人，降低了開始提供服務的成本。

搞懂原理後，接著又有一個問題，「吃到飽模式」真的能獲利嗎？

出版社為何能靠看到飽的d雜誌賺大錢

二〇一五年，成衣廠商紋意股份有限公司（Stripe International）開始提供以每個月五千八百圓的月租費就能衣服租到飽的 mechakari 服務，可以一次租三件該公司的新產品，租滿六十天的話還能免費得到租的衣服。

起初周圍的人都反對：「這樣會害自家公司的衣服賣不出去。」然而實際試行之後，發現並未侵蝕到自家公司的店鋪及網路銷售的業績。因為三分之二的會員都是過去沒接觸過該公司衣服的新顧客。

原本以為主要客群是「喜歡這個品牌的衣服，想經常換衣服的人」，實際上更受「懶得選衣服的人」歡迎，前面提到的女性編輯即為其中之一。

意外的是還真的有不少人透過 mechakari 借了幾次衣服以後，買下自己中意的衣服，還有人半年就花了十五萬圓，把這項服務當成「定額試穿服務」來用。

利用 mechakari 出租新商品，把使用者歸還的衣服送洗後，再以二手衣賣出。販賣新衣服，以定額服務出租衣服，再販賣二手衣的商業模式據說是參考同時有新車、租車、中古車等好幾個販賣渠道的汽車公司。

月租費四百圓就能雜誌看到飽的 d 雜誌有三六三萬個使用者，一年的營收為一七四億圓（二〇一七年三月統計資料）。這是鎖定只看不買的輕度雜誌讀者，因此 d 雜誌與紙本雜誌的讀者重疊度不高。從雜誌的角度來看，讀者人數增加了一點六倍，反而具有廣告雜誌的效果。

不僅如此，還配合被閱讀的頁數比例，將收入分配給各出版社。

如今 d 雜誌儼然已經成為雜誌出版社不可或缺的媒體。

d 雜誌經由開始提供定額租借服務讓「白看書的消費者」變成新的收入來源。

行之有年的壽險及產險、電力公司、通信公司等皆為訂閱模式，這些業界的收益也不容小覷。

足見「吃到飽模式」可以穩定地賺到錢，可是為什麼能賺到錢呢？

以行為經濟學解讀訂閱模式的原理

我很不會搭配衣服，所以老穿同一套衣服，因為這樣就不用煩惱了，很輕鬆。可是衣服穿舊了還是得買新的，可悲的是我對自己挑衣服的品味一點信心也沒有，很不會選衣服，所以每次都要跟老婆一起去買衣服，只買老婆說「這件很適合你」的衣服。

我還以為只有自己這樣，沒想到有許多男士跟我一樣。

「選擇」對人類來說是一種很有壓力的行為，在進行選擇的時候，必須割捨其他選項，所以人類會下意識認為「可以的話希望能維持現狀」，這在行為經濟學上稱之為「維持現狀的偏見」。

在不會搭衣服這點上，我其實沒比那位女性編輯好到哪裡去。

因此她選擇衣服租到飽的服務，把搭配交給專家，擺脫「要買哪件衣服？」的困擾。

消費者一旦開始使用訂閱模式，上述維持現狀的偏見就會發生作用，不容易解約。

例如幾年前問世的低價手機，明明可以大幅節省通話費，卻始終無法普及，至今仍有許多人繼續使用DoCoMo、KDDI、SoftBank，這也是維持現狀的偏見。換電信業者和計算費用都很麻煩，所以明知那些手機更便宜也不想換。

另外，人類會本能地抗拒每次使用什麼的時候要花錢這件事。只要以固定的金額用到飽，就能跳過「花錢」這個關卡。

相反地，再怎麼使用也不用多花錢，反而會讓人覺得「不用就虧大了」。這種「不想吃虧」的心理正是第一章介紹的「展望理論」。

人對損失很敏感，因此一旦進入訂閱模式，就會產生「不想吃虧」的想法，進

顧客忠誠度、顧客生涯價值與訂閱模式的效果

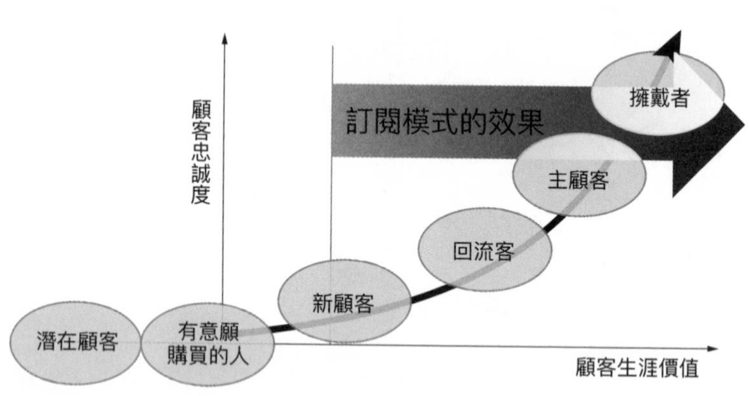

而拚命使用。如果是餐廳，就會一直去那家店，點其他菜色來吃。

另一方面，以前認為太貴不買的消費者也會使用訂閱模式，因為即使是昂貴的商品，每次要支付的金額也沒那麼多。

舉例來說，戴森的吸塵器或電風扇高達幾萬圓甚至十萬圓，不少人就算想要也買不起，因此戴森每個月推出幾台提供 dyson technology plus service 服務，月租費從一千圓起就能使用戴森的產品（六種），而且最短每隔兩年就可以升級到最新機種，這也是利用訂閱模式讓覺得「很想擁有戴森，但是太貴買不起」的人開始接觸商品的方法。

提高顧客忠誠度，培養信徒

話說回來，雖然都叫「消費者」，但消費者千奇百怪，「顧客忠誠度」的邏輯有助於為消費者分類。「忠誠度」意味著「關係」，因此顧客忠誠度即為「與消費者的關係」。若以「顧客忠誠度」分類，消費者將由「潛在顧客↓有意願購買的人↓新顧客↓回流客↓主顧客↓擁戴者」逐步進化。

「回流客」「主顧客」會一再購買、使用商品或服務，一旦變成「擁戴者」，就會像推銷員那樣熱心地把商品推薦給親朋好友。顧客忠誠度愈高的消費者貢獻給企業的收益總額也愈大。

這種顧客為企業帶來的價值總量稱為「顧客生涯價值」，顧客忠誠度愈高的消費者，「顧客生涯價值」也愈大。

透過訂閱模式，消費者會比以前更頻繁地使用服務，進而加購定額服務以外的商品。

訂閱模式還具有提高顧客忠誠度、籠絡消費者的效果（關於顧客忠誠度將於第九章詳細介紹）。

以上就是訂閱效果的獲利模式。

透過訂閱模式累積的數據是寶庫

訂閱模式還有一個很大的優點，那就是能得到消費者的數據。

全世界有一億兩千五百萬用戶收看 Netflix 的電影和連續劇。

使用者平均每天花兩小時以上收看 Netflix，Netflix 依每位使用者的喜好，將這麼龐大的使用者收視資料分成兩千種，配合使用者的喜好，推薦節目給他們，這麼一來還有助於提升收視率與收視時間。

順帶一提，Netflix 二〇一八年製作影片的經費高達約一百三十億美元，製作了八十部長篇電影，據說超過好萊塢所有電影製片廠加起來的製作費。這也是善用數據，努力讓眾多使用者隨時都能感到滿意的結果。

經由訂閱模式累積下來的使用者數據儼然是一座寶庫。

並非以販賣商品牟利，而是以讓人使用來賺錢——經常性模式

像訂閱模式那種透過定期獲得收入來賺錢的商業模式又稱為「經常性模式」。經常性（recurring）是指「反覆發生」的意思。因為會反覆產生營收，所以才叫經常性模式。

目前大部分的企業為了獲得穩定的營收，皆試圖轉型成經常性模式。販賣產品時，必須每次都能讓消費者心甘情願地掏錢出來。賣得好不好會依季節而異，所以營收並不穩定。

只要轉換成定額服務那種訂閱模式，營收就能趨於穩定，產品賣出後也會繼續有營收入帳。

就連蘋果電腦也試圖轉型成經常性模式。

蘋果電腦的主要營收來源為販賣Mac及iPhone等產品，如下頁上方的圖表所示，一整年下來，營收會因為季節變動或最新商品是否符合市場需求而有相當大的變動。

於是蘋果電腦拓展服務營收，亦即iTunes或iCloud等數據管理服務及應用程

花時間轉型成經常性模式的蘋果電腦

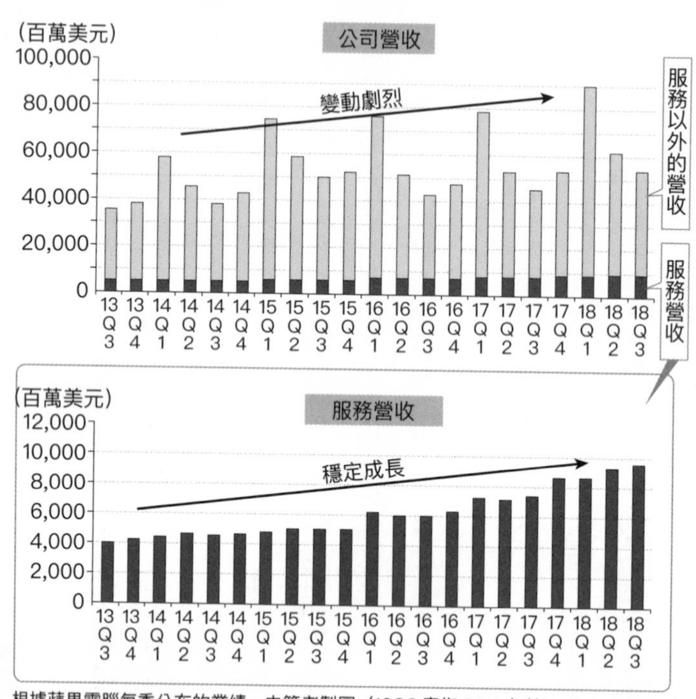

根據蘋果電腦每季公布的業績，由筆者製圖（13Q3 意指 2013 年第 3 季，以此類推）

式的販賣等等，如上方的圖表所示，從二〇一三年開始，服務營收五年內成長了兩倍以上，而且營收趨於穩定。即使景氣不太好，數量龐大的蘋果用戶也不曾解約，所以營收很穩定。

相較於全公司的營收，服務營收的比率從二〇一三年第三季的百分之十一點三，五年來成長至百分之十七點九。這是蘋果電腦花時間讓服務營收持續成長，將公司改善成穩定的營收體質的結果。

索尼亦揚言「要轉型成經常性模式」，在國內外提供收費的會員制音樂收聽服務，用戶也可以用 PlayStation 上網看影片。經常性模式的事業比例從二〇一六年的百分三十五成長到二〇一八年的百分之四十。

由此可見，亞馬遜真的很厲害。

亞馬遜長年投資「亞馬遜 Prime 會員」的商業模式，只要每年付三千九百圓（含稅）的會費成為亞馬遜 Prime 會員，就不用再付運費。

事實上，亞馬遜 Prime 本身賺不到多少錢。

然而一旦成為亞馬遜 Prime 會員，在其他需要付運費的網站購買可能會吃虧，所以上網買東西的時候一定會先上亞馬遜比價後再買，再加上亞馬遜的商品一應俱全，所以亞馬遜 Prime 會員通常會向亞馬遜購買其需要的商品。亞馬遜 Prime 會員的顧客忠誠度很高，因此顧客生涯價值也變得更高。

亞馬遜 Prime 會員有助於擴大整個亞馬遜的營收。

二〇一八年，亞馬遜 Prime 會員在全世界號稱已突破一億人，顧客忠誠度高的一億個顧客每天都在亞馬遜上買東西。

另一方面，亞馬遜也藉由影片看到飽、雜誌或書籍閱讀到飽、部分商品打折的方式緊緊留住亞馬遜 Prime 會員。

我也是亞馬遜 Prime 會員，每天都在亞馬遜上買東西。

不僅如此，亞馬遜這幾年也致力於開發自有品牌的家電，例如電子書閱讀器、平板、智慧喇叭、影片播放器等等，而且全都性能卓越、價格低廉。

據說售價幾乎等於製造成本，根本賺不到錢。

這些亞馬遜家電透過網路，用來接收亞馬遜的服務，例如用電子書閱讀器閱讀上亞馬遜購買的電子書，也可以用智慧喇叭的語音向亞馬遜買東西，並經由網路提供這些家電產品最新的驅動程式。

亞馬遜以原價販賣亞馬遜家電並不是為了「賣出去賺錢」，而是以「被使用來獲利」的商業模式為目標。

亞馬遜想方設法地強化經常性模式，亞馬遜太可怕了。

最強的訂閱模式之所以成功的關鍵

或許各位會產生「訂閱模式太強了！我們家也跟進」的念頭。且慢，如果要讓訂閱模式成功，有個關鍵必須想清楚。

1. 訂閱模式比較適合變動成本較小的服務

播放影片的 Netflix、播放音樂的 Spotify、雜誌看到飽的 d 雜誌都是網路服務，就算多一個使用者，成本也幾乎不會增加。換句話說，變動成本非常低。如同第三章也介紹過，每增加一位使用者要花的成本稱為「**邊際成本**」。這項邊際成本趨近於零，因此以訂閱模式來說可以盡可能增加使用者人數，從中獲利。

2. 變動成本過大的時候，要設定條件

如果是實際需要人力、物力的餐飲業或成衣業者，每次提供服務給使用者都要花錢，亦即材料成本或人事成本等變動成本很大，因此必須先衡量變動成本，再設定價格。

舉例來說，必須設定消費者使用的次數上限。

每個月八千六百圓的「一天一碗野郎拉麵生活」對愛吃拉麵的人很有吸引力，有人可能會一天吃上好幾碗，所以要設定「一天一碗」的上限。

mechakari 則以一次最多三件衣服為上限。

明確地鎖定目標顧客同時，也要考慮到顧客的消費量，研究是否要限制使用次數。

3. 成功的關鍵在於透過訂閱模式能創造出什麼樣的價值

「簡單地說，只要把一次賣斷換成定額制，引起消費者的興趣就好了對吧！」

大錯特錯。不能只是改變訂價。

以mechakari為例，是把定期送上新衣服的新價值提供給「懶得挑衣服」的消費者。

d雜誌則是提供月租費四百圓就能看遍各種雜誌的新價值。

由此可知，訂閱模式從根本上改變與消費者建立關係的方法，提供新價值。如果是傳統的「賣東西」，東西賣出去的那一刻，與消費者的關係就暫時告一段落。然而訂閱模式與消費者的關係是從消費者買下去的那一刻開始。消費者隨時都能取消訂閱，所以為了讓消費者繼續訂閱，必須持續提供價值給消費者。

不只是訂價策略，訂閱模式也大大地改變了企業與消費者的關係。訂閱模式今後也將繼續滲透到許多業界吧。

訂閱模式改變企業與消費者的關係，
所以要隨時提升消費者的體驗。

本章的重點

- 藉由**訂閱模式**來提升**顧客忠誠度**。
- 善用累積下來的數據。
- 變動成本比較小的商業模式可以考慮一下訂閱模式的可行性。
- 倘若有變動成本，不妨設定好條件。
- 不只定額制，也得思考要提供什麼價值給消費者。

第5章

與其降價一千圓，不如花一千圓回收舊貨

彈性訂價、稟賦效應、折價券

削價競爭的結果導致美國的咖啡不好喝

「嗯，好難喝，太難喝了！」

一九八〇年代，當時才二十出頭的我經常去美國出差。

就連飯店早餐提供的咖啡也不例外，真的很難喝，所以我覺得很不可思議。

「美國明明那麼富裕，為什麼咖啡這麼難喝？」

應該有很多人都跟我有過類似的經驗。

不好喝是削價競爭的結果。

咖啡從一九三〇年前後在美國的家庭內普及，市場急速成長。

三十年後已經普及到所有家庭，市場停止成長。

從此以後，各家咖啡公司開始削價競爭，價格下跌也導致品質下降。

像是減少品質比較好的阿拉比卡咖啡豆，改用品質比較差的咖啡豆，或以前只能萃取三杯咖啡的份，現在也硬生生地擠出四杯咖啡。

當時舉行的全美咖啡協會年度大會留下這句話：
「無論什麼商品都能降低一點品質，便宜地賣出去。」
當時的品質標準為「有沒有缺點」，「好不好喝」則是其次。
我不想喝便宜但不好喝的咖啡，美國人也不例外。
一九六二年，每個美國人平均每天喝三點一二杯咖啡，四十年後的二〇〇三年減少至一點五杯，市場縮小，「美國的咖啡不好喝」成了一般人的既定印象。
美國的咖啡之所以不好喝是削價競爭導致品質下降的結果。
由此可見，「遺憾的降價」無法為任何人帶來幸福，最後只會導致市場崩壞。
（順帶一提，值此咖啡市場不斷崩壞之際，還是有美國人挺身而出「想煮出美味的咖啡」，孕育出星巴克這種所謂西雅圖式的咖啡。）

遺憾的降價令妻子大失所望的原因

提到「遺憾的降價」，我個人就有過大受打擊的經驗。

我和妻子去表參道散步的時候，看到一家很時尚的服飾店，店裡有條女生穿的牛仔褲很適合妻子，穿起來非常好看，雖然定價要兩萬圓，我們還是咬牙買下，提著購物袋搭上回程的電車，夫妻倆都很滿意，認為自己「買到好東西」。

返家途中，發現附近有家相同的服飾店。

「我還沒買夠，想再看看其他商品。」

一走進店裡，不由得大吃一驚，因為同樣的商品居然打五折。

「為什麼？怎麼可能……」妻子大失所望。

心滿意足頓時變成大失所望，從此再也不以定價購買這家店的牛仔褲。

這點從第一章介紹過的錨定效應就可以看得出來，複習一下，所謂錨定效應指的是「人會受到一開始看到的數字或資訊很大的影響」。

我們在店裡看到牛仔褲時，受到「這條牛仔褲＝定價兩萬圓」的錨定效應，以定價買下。換言之，我們對「兩萬圓」這個數字產生了經濟實惠的感覺。

然而透過打對折促銷，我們對經濟實惠的感覺被重寫為「這條牛仔褲＝定價的一半」，從此不再以定價購買。

這家服飾店沒多久就退出日本，妻子覺得很遺憾。

這也是「遺憾的降價」，商品再好，一旦訂價策略出錯就會失敗。

應該重視「再貴也要買」的消費者，因為就算其他地方更便宜一點，他們也會繼續購買。

「因為便宜才買」的消費者都是來撿便宜的消費者，一看到更便宜的商品，就會馬上移情別戀。

「遺憾的降價」會趕走重要的消費者，吸引到只是來撿便宜的消費者，以後如果不夠便宜，就不會再有人買了。

以打折來增加營收不可或缺的三個條件

盡可能不要打折，但如果能聰明地打折，就能增加營收。

聰明打折有三個先決條件。

1. 一開始先把價格訂得非常高

如果一開始的價格只能勉強損益兩平，一旦打折就會出現赤字，所以大前提是先把價格訂得非常高，即使打折還是有利潤。

2. 不要神神祕祕地打折，而是公開打折的條件

「因為消費者一直吵著要打折，只好打折」是不對的。

要是被以定價購買，理應受到重視的消費者知道，很快就會失去他們的信任。

現在是「透明的時代」，以前遮遮掩掩的事在這個網路時代一下子就會穿梆。

應該採取「一切公諸於世」的想法，盡可能公開打折的條件，向所有人說明打

折的原因。

3.不降低商品本身的價格，而是以附加條件來打折

降價求售就算一時半刻賣得出去，通常過了一陣子，營收就會恢復原狀。因為便宜固然能暫時吸引到消費者，但是隨時間過去，便宜會變得理所當然，再也吸引不到消費者。

而且一旦恢復原價，習慣折扣價的消費者就會離開，形成惡性循環。應該盡可能避免降低商品本身的價格，而是以某些附加條件來打折。

以下就帶讀者思考利用打折來增加營收的方法。

七十歲去吃到飽可以少付一千圓——彈性訂價

我去大阪出差的時候，不知道為什麼，突然想吃烤肉。

找一家烤肉吃到飽的店，一坐下來，服務生就來了。

配合顧客需求的「彈性訂價」

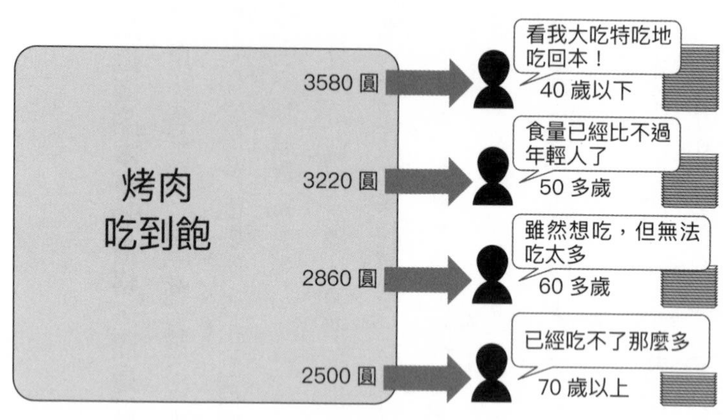

「我要吃到飽。」

「請問貴庚？」

我心想「為什麼吃烤肉還要問年紀？是有年齡限制嗎？」

當我回答「五十歲」時，對方說：「那麼可以少付三百六十圓。」

居然有年齡折扣。定價三五八〇圓，中年（五十多歲）為三二二〇圓、熟齡（六十多歲）為二八六〇圓、銀髮族（七十歲以上）為二五〇〇圓。

七十歲以上居然可以少付超過一千圓。

重新環顧一遍店內的消費者，全都是中老年人在吃烤肉。

現代的中老年人很愛吃肉，據說六十到

七十歲的人這十年來消費的肉量增加了一點五倍，不過三十到四十歲的人消費的肉量是七十歲的兩倍。

這家店鎖定了「想吃肉，可是如果去吃普通的烤肉吃到飽無法回本」的中老年人，依年紀設定不同的金額，緩步成長。

我們很容易陷入「消費者人人平等，價格要統一」的迷思，以「一物一價」為原則。

但每個消費者的需求都不一樣，所以只要能想到「每個消費者都不一樣」，配合消費者的需求，彈性地設定價格，消費者就會買帳，這是以「一物多價」為原則。

像這樣配合消費者需求的訂價稱為「彈性訂價」，打折時要以「彈性訂價」為基本的出發點。

利用彈性訂價鎖定對象，一擊必殺。

除了年齡以外，還有其他鎖定目標顧客的方法，例如以時段鎖定目標顧客。

傍晚的酒吧在「歡樂時光」提供半價雞尾酒就是以時段鎖定目標顧客的方法。

這個時段的消費者比較少，為了吸引更多人來店裡消費，才以半價提供雞尾酒。餐點則照定價販售，而且歡樂時光一結束，雞尾酒就會恢復原價，所以營收實際上不會減少，消費者對於定價的「經濟實惠感」也不會差太多。

美國的手工藝用品連鎖店舉行過以下的促銷活動，「買一台縫紉機，另一台可以打八折」

各位讀者可能會想說「沒有人需要兩台縫紉機吧」，但此舉奏效了，因為發生了以下的情況。

「鄰居太太，要不要一起買縫紉機？」

「想是想，可是要一萬圓。」

「對呀，可是現在買兩台的話，第二台可以打八折喔，很划算吧。」

「第一台一萬圓，第二台八千圓的話……等於一台九千圓，省下來的錢可以去吃一頓午餐呢。」

「如何？一起去吃午餐吧。」

（請容我再強調一次，為了簡單起見皆換算成日圓計價）

這是鎖定「找隔壁太太一起買的主婦」，以八折賣出第二台縫紉機的策略。

改變顧客行為的動態訂價

彈性訂價再進一步，就成了視狀況動態地調整價格的方法，那就是「動態訂價」。

買賣東西的時候，買賣的人或數量原本就會隨價格變動，而所謂的動態訂價就是藉由當場調整價格以增加營收。

舉例來說，過去日本職業足球J聯盟的門票不會因為比賽隊伍或天候而異，皆以相同價格販賣，可是這麼一來，遇到比較不受歡迎的隊伍或天氣不好的時候就會賣不完，搶手的隊伍則是立刻搶購一空，反而是票不夠賣，甚至還有高價轉賣門票的黃牛出現。

於是橫濱水手開始進行實驗，以動態訂價販賣一部分的門票，依天氣、日期、隊伍的順序配合銷售成績排列組合，交由人工智慧分析，調整門票的價格。這是為了增加來看比賽的觀眾、提升球場的使用效率，藉此擴大營收。

至於已經在運動產業導入動態訂價的美國，整體的營收平均提高了一至三成。

只是在實施動態訂價之際有個要注意的陷阱。

我家附近的超市每到打烊的一小時前就會開始特賣剩下的魚和熟食。

很多消費者都圍在貨架四周、虎視眈眈地等待商品貼上打折標籤的瞬間。

乍看之下，這家超市似乎實施了動態訂價，商品如果能在特賣時段賣光光，確實能增加營收也說不定。

然而，實際上有很多想撿便宜的消費者都鎖定特賣時段，所以特賣時段前的營收會降低，導致整體的營收下降。

動態訂價本來是「藉由改變價格，讓那個時段的消費者想買東西」，但打烊前的特賣違背這個初衷，因為想撿便宜的消費者是故意鎖定這個時段來的。

這並非動態訂價的本意。

超市也是基於「與其任由食物腐爛銷毀，不如打折賣掉」的想法，所以這個問題很難解決。但我們先把「不要浪費」的問題擺到一邊，單從訂價策略的觀點來思考，打烊前的限時搶購也有問題。

另一方面，我家附近有一家我很喜歡的蛋糕店，因為很好吃，我會在特別的日子買來吃。

我通常都在快打烊的時候購買，站在消費者的立場，總是會忍不住想：

「這麼好吃，丟掉太可惜了……」

可是這家店無論剩下多少蛋糕都不會打折，始終以定價販賣。

我認為「好可惜啊」，但貫徹定價販賣的蛋糕店堅持「維持品牌價值，也能維持營收」的觀點很正確。

與其降價一千圓，不如花一千圓回收舊貨——稟賦效應

除此之外，打折不只有降價一途。

某家超市的衣服總是在打折，但消費者的反應不如預期。

於是負責人說了：

「來舉行汰舊換新的促銷活動吧。」

打出「只要買滿五千圓，超市就以現金一千圓回收舊衣服」的口號。

遭到部下的反對：

「這不是跟失敗的八折促銷一樣，只是換湯不換藥嗎？」

「消費者還得花時間拿舊衣服來換，只會讓他們覺得很麻煩。」

沒想到實際實施汰舊換新的促銷活動後，大獲成功，消費者還會問：「下次什麼時候還要舉辦？」

為何降價一千圓的促銷活動失敗了，用一千圓買回舊衣服的活動卻成功了？

比起「打折」不如「收舊貨」

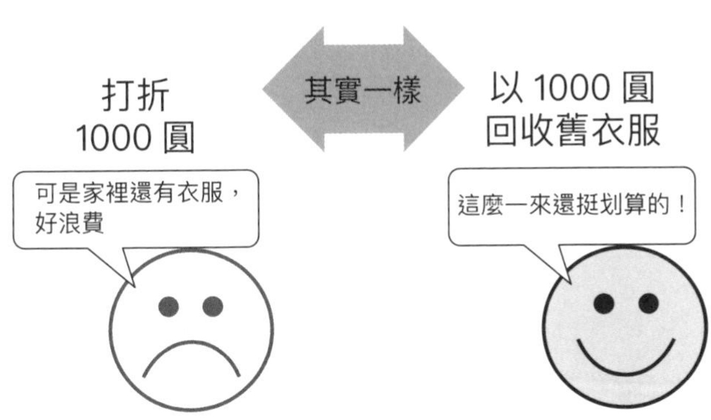

我去買衣服的時候，經常什麼也沒買就回家了，因為我總是認為「仔細想想，家裡那件衣服還能穿……」

消費者也一樣，看到超市的衣服在特價，若想起自己家裡的衣服，就會覺得「好浪費，還是別買了」。

但是「以現金一千圓回收舊衣服」卻能消除「好浪費」的罪惡感。

而且消費者不僅能拿回購買金額兩成的現金，還能滿足「可以給別人用」的社會貢獻欲。

順帶一提，伊藤洋華堂早在十年前就實施過這種汰舊換新的促銷活動，並且大獲成功。

在電視購物上宣傳過商品及折扣後，同樣以汰舊換新推了消費者最後一把。

「可是各位太太！您也認為府上的洗衣機『明明還能用，如果要回收既花錢又浪費時間』吧，好消息來了，我們願意花兩萬圓回收府上的洗衣機……」

這就是行為經濟學家理查．塞勒提倡的「稟賦效應」，意指人們會認為自己擁有的東西比別人具有更高的價值。

例如我每天都要拍照，所以有很多台相機，每一台都用了很多年，已經破破爛爛的，卻遲遲捨不得換新。另外也買了一堆書，每本書都是我的心肝寶貝，以前總叨念著「家裡不夠大，趕快處理掉」的老婆也因為我始終不肯處理那些破銅爛鐵，似乎已經死心了。這也是稟賦效應。

只要了解上述的「稟賦效應」，就能理解讓消費者汰舊換新比打折還有效的理由。

買新衣服、處理掉舊衣服的時候，等於是白白扔掉舊衣服。

家電也是，丟棄的時候，家電回收業者還會反過來向你收錢。

這就是「向消費者回收舊貨」的商機。

「說的正是，我很喜歡用到現在的東西，您真內行！」的心態會讓消費者對願意買下舊貨的店產生好感，進而購買。

最近每次一有新手機上市，業者都會主動花錢回收消費者之前使用的手機，這也是為了減輕換機時的罪惡感，因此我每次都能毫無罪惡感地買新手機。

只要發放折價券，就能兼顧降價與定價販賣

結合折價券，能讓訂價策略更有彈性。

在意價格的消費者都會熟讀折價券網站及刊物 Hot Pepper，找到折價券再去消費，所以能打折販賣。

另一方面，不在乎價格的消費者會覺得這麼做很麻煩，直接以定價購買。

這麼一來，兩種消費者都會買帳。換句話說，折價券對重視便宜的消費者是打

折，對願意以定價購買的消費者則是以定價販賣的方法。

「花丸烏龍麵」使用折價券的手法非常高明。「花丸烏龍麵」積極開發養生菜單，會在一定的期間舉行「出示健保卡可折抵五十圓」的促銷活動，這時是以健保卡代替折價券使用，此舉讓來店消費的人數增加百分之三。

不過要是發放太多折價券，會給人「便宜貨」的感覺，一旦過於氾濫，只會吸引到來撿便宜的消費者，變成單純的折扣。有家速食連鎖店亂發折價券的結果，導致來店的消費者有八成都拿折價券消費，導致業績不振。

只要鎖定顧客、時段、商品，再加上以限量方式發放折價券，就能提升效果。

如果要打折，得先鎖定消費者

本章為各位介紹利用打折增加營收的方法。

介紹了各式各樣的方式，最後想再告訴各位很重要的一點，亦即「打折是最後的手段」。

打折的本質是「以便宜的感覺為賣點，促使消費者購買」。消費者買東西的理由不只是因為價格，還有其他千奇百怪的原因。應該等到其他手段都用盡了，在提高價格以外的價值訴求下，把打折視為最後的手段。

降價求售誰都會，不打折就能賣掉才是原本正常的商業模式。要先思考不打折就賣出是怎麼一回事，再澈底思考如果要打折，該如何鎖定消費者，以增加營收。

不是只有打折這個方法才能給人便宜的感覺，也可以在價格上下點工夫，就不用打折了。下一章將為大家介紹這個方法。

打折是最終手段。
不用是有其意義的。
不妨決定好各方面的條件，
配合消費者調整價格。

本章的重點

- 聰明地打折要遵守**三個前提**。
- 如果要打折，請選擇配合需求調整價格的「**彈性訂價**」。
- 利用「**動態訂價**」創造需求，增加營收。
- 鎖定「**稟賦效應**」，研究促使消費者汰舊換新的可行性。
- 小心不要濫用**折扣券**。

第6章

商品數降到四分之一卻多賣六倍的緣故

框架效應

不起眼的美加在相親派對上炙手可熱的原因

回到第三章被前輩教訓「妳長得又不可愛，只能以年輕為賣點」的美加，據說她後來在聯誼活動上與許多男性配對成功，目前正在選擇要跟誰進一步發展。

美加在聯誼活動中受歡迎的程度令人跌破眼鏡，到底有什麼祕密？

「不就是策略嗎，策略。」美加開始說明。

美加坦承：「誰叫我長得不好看。」首先是認清現實，這是擬定策略的基本。其實剛參加聯誼活動時，有太多長得漂亮、妝又化得好的女性，美加太過緊張，緊張到幫男性陣營問那些女生一堆有的沒的，這點反而歪打正著。

聯誼到一半，收到確認印象的卡片時，對她有好印象的人居然比對漂亮女生有好感的還多。

自由聊天時間與男性談話時，得到「長得漂亮的人很可怕耶」的答案。的確有很多美女連笑也不肯笑一下，這也難怪。

美加的聯誼活動策略

「能不能賣出去端看表現方式」

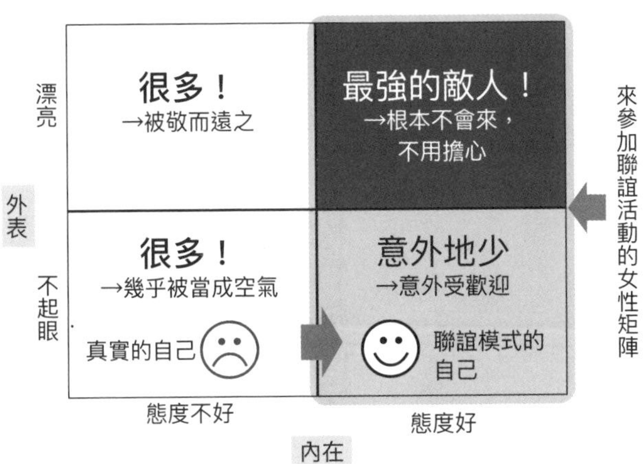

「還有，男人在看女人的時候其實只有『長得漂不漂亮』跟『態度好不好』的分別。」（請容筆者強調一下，這句話是美加說的，不是我說）

美加當場靈機一動，立刻在確認印象的卡片背後畫下上方的策略圖。

美加深諳「外表無法改變，所以只要在聯誼活動的時候將自己的性格調整成『聯誼模式』就行了」，從此以後在聯誼活動大受歡迎。

我很好奇聯誼後的發展，詢問美加，她斬釘截鐵地說：「給人的第一印象占九成。」，只要第一印象夠好，接下來就好搞定了。

美加最後還補了一句：

「簡單一句話，能不能賣出去端看表現方式。」

美加說的話其實很耐人尋味，因為這在訂價策略上也是非常重要的一句話。

即使是相同價格的相同商品，只要對表現價格的方式多下一點工夫，就能賣出去。

用行為經濟學揭穿松竹梅魔法

「嗯，松套餐太奢侈了，但梅套餐又有點寒酸。」

鰻魚飯是我最愛吃的食物，總是煩惱要選松、竹、梅哪一個等級的套餐，煩惱半天之後，通常都會選擇竹。

一旦有三個選擇，大部分的人都會像我這樣，選擇正中央的選項，行為經濟學稱這種現象為「極端性迴避」，如同我煩惱半天後選擇松，人在無法判斷差異時，具有選擇正中央的習性，這點在訂價策略也至關重要。

行為經濟學揭示的「極端性迴避」─松竹梅魔法

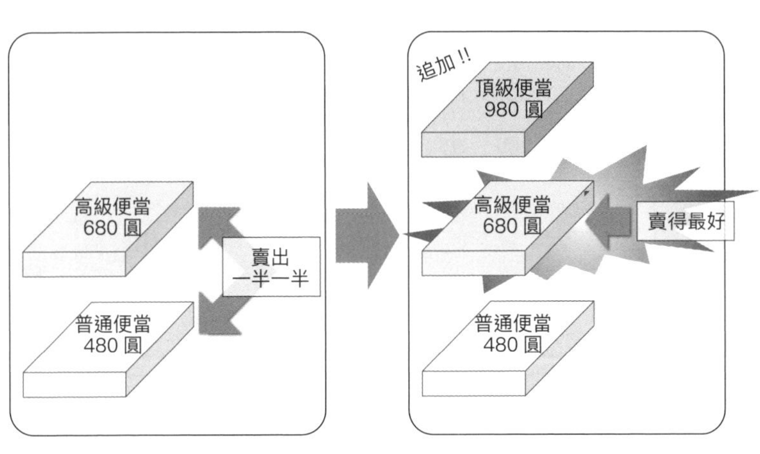

當便當店推出普通便當（四百八十圓）和高級便當（六百八十圓）兩種便當時，通常各賣出一半，可如果再加上頂級便當（九百八十圓），高級便當（六百八十圓）反而賣得最好。

實際上，推出「Origin便當」的Origin東秀在二〇一二年將幕之內便當從一種增加為三種（四百五十圓、高級四百九十圓、頂級六百九十圓）後，四百九十圓的「高級幕之內」賣得最好，幕之內便當的銷售量比前一年增加百分之七十八。

像這樣即使是相同的東西，也能藉

由改變展現方式影響消費者判斷或選擇的現象在行為經濟學上稱為「框架效應」。

對價格多下一點工夫時，要善用上述的「框架效應」。

「極端性迴避」也是上述的框架效應之一，「松竹梅」其實是意外強大的訂價策略。

選擇太多反而有壓力

哥倫比亞大學的希娜・艾恩嘉教授在超市進行某種實驗。

在店內規畫兩個販賣果醬的試吃賣場，一個擺出二十四種果醬，一個擺出六種果醬，最後比較銷售量。

結果一百人中有六十人在二十四種果醬的賣場停下腳步，但只有兩個人買。雖然受到矚目，但只有其中的百分之三購買。

至於六種果醬的賣場，一百人中有四十人停下腳步，十二人購買。受到注目的程度雖然減少到三分之二，卻有其中的百分之三十購買。

選項太多反而無法做出選擇的「果醬實驗」

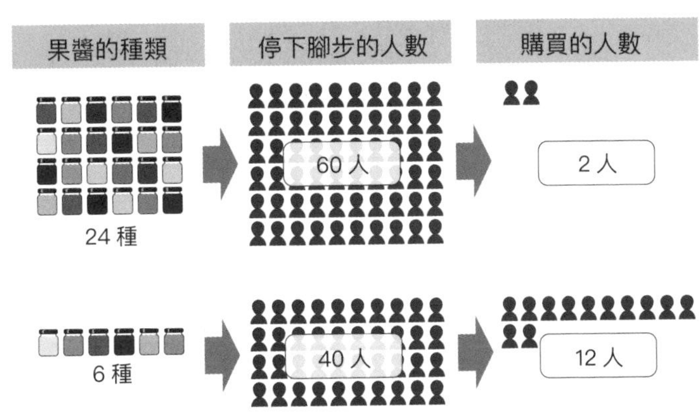

光是減少選項，居然就讓業績成長六倍。

如果是有明顯區隔的商品，選項多一點反而能找到自己喜歡的商品，例如書或音樂。

如果是產品區隔不夠明確的商品，選項太多反而會造成消費者的壓力。因為選擇太多的時候消費者會擔心「自己是不是選錯了」，反而提高購買商品的門檻。

這時不妨減少選項，明確地區隔出商品的差異，消費者比較容易下決心購買，所以就能賣得出去。

以 P&G 寶橋為例，原本有二十六種

防止頭皮屑的洗髮精，放棄賣得比較差的商品，將品項縮減到十五種後，營業額反而增加百分之十。

蘋果電腦的 iPhone 和 MacBook 的機種很少，這也是為了避免消費者做不出選擇，促使消費者盡快購買的方法。

另外也可以減少選項，再搭配松竹梅的魔法來販賣。

像是製造、販賣眼鏡的 JINS 原本有四種價位（四千九百圓、五千九百圓、七千九百圓、九千九百圓）的鏡框，後來縮減到三種價位（五千圓、八千圓、一萬兩千圓），售價的中間值從五千圓移動到八千圓，賣出去的價格提高了三千圓。這是將價位縮減至三種，誘導消費者選擇八千圓這個中間值的結果。

我在東京代代木的某家鞋店買了二十年的鞋，狹窄的店內只擺出女鞋和男鞋加起來共幾十種鞋，而且全都是老闆精挑細選「好穿又好看的鞋」，個性十足。

百貨公司的鞋店總是陳列著琳琅滿目的鞋，而且多數是大同小異又不好穿的鞋，看不出差異，所以遲遲無法做出選擇。

然而在這家店裡，不僅可以馬上選到自己喜歡的鞋，自從穿了這家店的鞋，我的腳再也沒有出過問題。

而且店家很樂意修理賣出去的鞋。十年前買的鞋雖然也不便宜，但至今還能穿。我可以繼續穿著修好的鞋，店家也能賺到修理費。這家店實踐了我在第四章介紹過的「經常性模式」。

最近還出現繼續縮小選擇範圍，只賣一種東西的店。

普通麵包店販賣的麵包種類五花八門，例如軟式法國麵包、法國麵包、紅豆麵包、可樂餅麵包、咖哩麵包等等，但我們家附近的麵包店只賣一種吐司，正常大小四百圓、加倍的尺寸八百圓，只有這兩種。

營業到傍晚，隨時都有吐司出爐，但不預訂就買不到，所以每天開店前就有幾十名主婦在排隊，而且每天都賣光光。這家店以最美味的吐司為賣點，征服了對口味十分挑剔的主婦味蕾。

除此之外，也有只賣現烤起司塔的蛋糕店、只賣松露義大利麵的義式餐廳等等，只賣一種商品的店愈來愈多。

現在是個比起提供五花八門的商品，只擺出精挑細選的好東西反而賣得更好的時代。

改變訊息──IKINARI STEAK 的「肉錢包」

在便利商店閒逛的時候，看到這張卡片以五千圓在賣，它的名稱是「肉錢包」。

這是可以在牛排專賣連鎖店 IKINARI STEAK 使用的五千圓電子錢包，而且還多了兩百圓的加值，也可以買來送人。

這張卡片要是取名為「IKINARI STEAK 禮券」，未免太普通了，便利商店大概不給上架吧，「肉錢包」這個命名給人「非常有價值」的印象。

這家餐廳在訂價策略的表現上也很優秀。

還有「肉里程」則是比照集里程的方式儲存吃過的肉重量，如果命名為

「IKINARI STEAK 集點卡」就太平凡了。

將禮券命名為「肉錢包」，將集點卡命名為「肉里程」，就能牢牢地抓住重度使用者的心，這也是框架效應之一。

順帶一提，餐廳還公布了肉里程的排行榜。

二〇一八年九月時，綜合排行榜第一名是1333116公克，居然高達一點三公噸，人類可以吃下這麼多肉嗎。

不打折，依消費者的收入改變價格

不打折，配合消費者的收入，提供該價格的商品也是一種辦法。

賓士是最具有代表性的高級車，S系列則是其中的最頂級，但如果賓士只賣S系列的車會怎樣？

即使是熱愛賓士車的人，年輕經理人或公司的管理階層依舊買不起售價高達

賓士依顧客等級提供不同的商品與價格

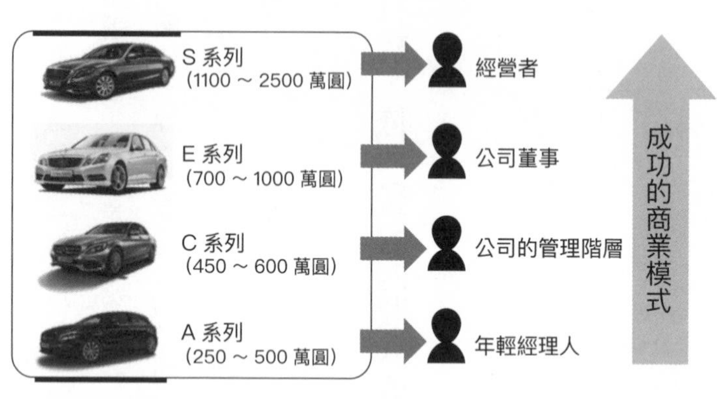

一千萬圓以上的S系列，而且賓士是以不打折為大方向，所以難得有人喜歡賓士，也無法增加營收。

因此賓士為不同的目標顧客提供不同的車款。

藉由提供各式各樣的價位，讓年輕經理人選擇A系列、讓晉升管理階層的人選擇C系列、讓當上董事的人選擇E系列。

「尾數價格效果」的魔法

看到超市的傳單，一九八圓或二九八圓這種帶尾數的價格屢見不鮮，這是為了強調便宜的感覺。

尾數價格效果的魔法

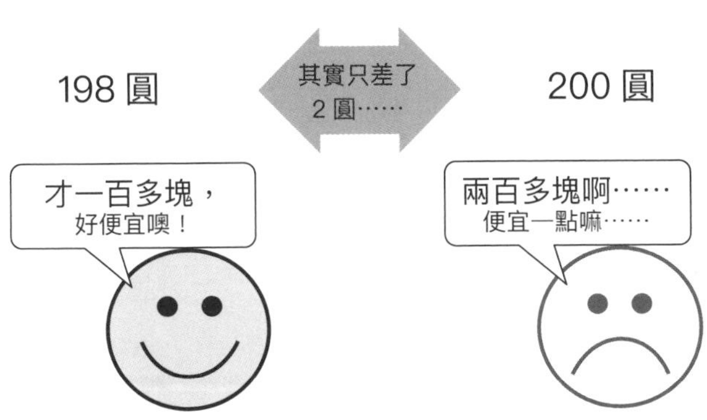

仔細想想，一九八圓和兩百圓只差兩圓，換算成比率，只有百分之一。然而大部分的消費者卻下意識認為一九八圓是「一百多圓」、二百圓是「兩百多圓」，這好像是因為人的目光焦點會放在位數最大的左側數字。

像這樣利用尾數價格讓人感覺便宜的效果稱之為「**尾數價格效果**」。

一九八圓或二九八圓這種尾數是「八」的數字對日本人有尾數價格效果，美國則是以一點九九美元或二點九九美元這種尾數帶「九」的數字為多。

根據某位日本研究員的調查指出，日本人認為「八」這個數字具有「好兆頭、鴻圖大展、前途光明」的意思，「九」則具有「痛苦、不上不下、不完整」的意思，所以尾數是「八」的數字才能在日本發揮尾數價格效果也說不定。

芝加哥大學的艾瑞克．安德森與鄧肯．席梅斯特針對上述的尾數價格效果做了個實驗，以三十四美元、三十九美元、四十四美元的三種價格販賣同一件女裝。

從正常的邏輯來思考，應該是最便宜的三十四美元賣得最好，有趣的是反而三十九美元的賣得最好，三十四美元和四十四美元的營業額都只有百分之二十，不太高。帶尾數的價格隱藏了「努力便宜到不能再便宜」的訊息，具有讓人感覺到便宜的魔力。

只不過，尾數價格效果也非萬能，消費者很了解商品，不會被尾數價格所騙。如果是限量商品，尾數價格反而會給人「便宜貨」的印象。

根據前面日本人的調查，「十」這個數字會給人「乾脆、滿足、完美」的印象，愈是限量商品，愈要用乾脆的數字來訴求價值，才能有效地強調出品質。

例如MIKIMOTO或TASAKI（以前的田崎真珠）將未稅價格設定在五十萬圓和八十五萬圓這種乾脆的數字，如果以十九萬八千圓或九十八萬圓這種尾數價格來賣，反而會讓這些商品失去高級的印象。

尾數價格魔法要因時制宜，看狀況使用。

利用「搭售」與「分售」策略刺激銷售量

還有其他方法能在價格上下點工夫。

例如「**捆綁銷售**」是以搭售來強調划算感，以增加營收的策略。

麥當勞向原本打算以四百九十圓購買大麥克和飲料的消費者，推銷加上薯條的六百九十圓超值全餐，也是為了透過划算感來增加營收。

捆綁銷售是由事先組合搭售的方式創造划算感，賣給覺得「一個一個挑有點麻煩」的消費者，以增加營收。

不僅如此，捆綁銷售還有助於店家削減成本，以麥當勞為例，個別販賣商品對店家來說也要耗費時間和精神，搭售能大幅減少販賣的心力。

此外，我以前用的手機網路和家用電話網路分屬不同的電信公司。

有一天，得知若把手機網路換成家用電話網路，全家人的手機通話費每個月可以便宜兩千圓，一年便宜兩萬四千圓，五年就是十二萬圓，心想「這樣很划算」，所以馬上跳槽。

站在電信公司的角度，切換手機網路以前，我貢獻的業績只有每個月一萬圓的家用電話網路部分，轉換後則是每個月兩萬圓，營收其實是加倍的。

再加上電信公司的商業模式是第四章介紹過的訂閱模式，訂閱模式最重要的莫過於盡量降低解約率，藉由讓消費者感覺優惠，同時簽訂好幾條網路線的合約，消費者就不容易解約，有助於延長契約期間。

由此可見，捆綁銷售是以搭售強調划算感，以增加營收的策略。

「**非捆綁銷售**」與捆綁銷售相反，是「分售」的意思。

非捆綁銷售是藉由切出必要的部分，創造便宜感，降低消費者抵抗的阻力，以增加消費量，具有擴大市場的效果。

電影《蝙蝠俠》中，阿福是蝙蝠俠忠心耿耿的管家，負責調度及開發武器，調查、分析敵情等等，支持他的活動，幫他解決各種難題。

觀眾很容易覺得「只有資產家才雇得起像阿福那種管家」。像阿福那種超級管家確實少之又少，要請那種管家在家裡幫忙，得花費龐大的財力。

然而，如果只是普通的管家，如果只有一天，現在只要五萬圓就雇得起了。聽說還會開加長型禮車去接妳，「我是某某家的管家，奉主人之命來接妳。」只要不違反公序良俗，也不會危害到管家本人的身家安全，管家會使命必達地完成任務。想當然耳，唯有有錢人才雇得起常駐的管家，但如果只是要在特別的日子製造效果，管家其實沒有那麼遙不可及，這也是非捆綁銷售的例子。

另外，以前聽音樂要花幾千圓買唱片，但是拜蘋果電腦的 iTunes 所賜，現在一首歌只要九十九美分就能下載，數位音樂一口氣被推廣開來，這也是銷售解綁的效果。

對商品如數家珍的消費者有時候會覺得不需要買到以捆綁方式搭售的其他商品，像這種時候，非捆綁銷售就成了很有效的訂價策略。

即使價格相同，銷售量也會依呈現方式而異

人類有時候意外地不理性。

如同不起眼的美加在聯誼活動上炙手可熱那樣，即使是相同價格的相同商品，只要善用框架效應，改變呈現的方式，就能熱賣。

想創造出便宜的感覺，不是只有降價這個方法。

即使不降價，
只要改變價格的呈現方法，
就能製造出便宜感。

本章的重點

- 鎖定**框架效應**。
- **松竹梅魔法**意外強效，不妨把想賣掉的商品放在竹這個等級。
- 別增加商品種類，反而要減少。
- 改變訊息。
- 以**尾數價格**效果強調便宜的感覺。
- 用**捆綁銷售**來搭售，就能強調出划算的感覺。
- 反之以**非捆綁銷售**來分售，也能強調出便宜的感覺。

下篇

漲價也能賣到缺貨的原理

——抓住目標顧客，提高售價

下篇的主題是以消費者能接受的價格，拉高售價。
這才是訂價策略的精髓所在。

想要高價賣出的法則其實非常簡單，
只要找出正確的目標顧客，理解消費者想要什麼即可。
在這個前提下創造出高價值。
擬定讓人感覺經濟實惠的價格。
培養自家公司的忠實顧客。

下篇將循序漸進地為各位介紹這個方法。

第7章

一條二十五萬日圓的生火腿搶手到需要排隊

價值主張與藍海策略

「物以稀為貴」是渡邊直美大受歡迎的原因

第一次在電視上看到「日本碧昂絲」時受到很大的衝擊。

這位女藝人的體重大概有一百公斤，甫上台就展現劇烈的舞蹈，歌唱得很完美，但定睛一看是對嘴，亦即俗稱「假唱女王」，但舞蹈模仿得唯妙唯肖。

只要沒看到隨舞蹈抖動的肚子，怎麼看都是碧昂絲本尊，但我同時也產生了一個念頭：「很快就會過氣吧……」

對不起，我錯了。

過了很久之後，我才知道日本碧昂絲名叫「渡邊直美」。

渡邊的知名度急速竄升，還主演了連續劇，IG的追隨者多達八百萬人（二〇一八年八月統計），力壓群雄，成為最有名的日本人。二〇一八年還榮獲美國《時代》雜誌選為「網路上最有影響力的二十五人」，原因據說是「她的活動打破日本女性應該這樣那樣的常識」。順帶一提，這可是全球排名前二十五位頂尖人士。

過去也有很多「胖子明星」，但是沒有人像她這麼有名，為何渡邊直美能大紅大紫呢？

因為她不只是胖，更有「開朗、時髦、還會跳熱舞」的人物特質，換言之，就是「物以稀為貴」。

再加上她也是很有梗的藝人，因此二〇一二年與二〇一三年在「空前絕後！爆笑盛典「The Dream Match」蟬聯兩年冠軍。果然世人永遠在追求有趣的人事物。

她本人也很努力，二〇一四年去紐約留學了三個月，澈底鑽研舞蹈和語言。學成歸國後，事業版圖愈做愈大，自二〇一六年起，新工作突然如雪片飛來。

如今，渡邊直美已經成了當紅炸子雞兼廣告女王，二〇一八年上半年一共有十一家公司請她拍廣告，在女明星中高居第四名，與綾瀨遙及Rola齊名（根據Nihonmonitor 調查）。

稀有的東西具有比較高的商品價值，然而光是這樣還不夠，想要以高價賣出，還得市場有這個需要才行。

不好喝卻奇貨可居——一杯三千圓的咖啡內幕

我自己也有過這種物以稀為貴的經驗，那就是咖啡。

當我在新宿的咖啡館要點咖啡，翻開菜單的瞬間，眼珠子差點掉出來。

「本店有麝香貓咖啡，一杯三千圓。」

麝香貓咖啡號稱是「全球最昂貴」的咖啡，也是電影《一路玩到掛》裡傑克．尼克遜飾演的大富豪愛喝的咖啡。我還是第一次在咖啡館的菜單上看到。

熱愛咖啡的血液在沸騰，令我暫時忘記價錢的事，立刻點了一杯。

味道嘛……老實說，很難形容。香味很獨特，但五百圓可以喝到更美味的咖啡。後來當我實際與咖啡專家討論到麝香貓咖啡時，「哦，那個啊……」露出尷尬表情的專家也不少。

這款咖啡其實是從開玩笑誕生出來的。

有個名叫約翰．馬丁內斯的人販賣高級牙買加產的藍山咖啡。

然而消費者卻抱怨：「喂，約翰！你們家的咖啡太貴了。」馬丁內斯為了讓他們知道「不，我沒有趁機敲竹槓」開始販賣更貴的麝香貓咖啡，他原本只是想開玩笑。

那麼為何稱不上好喝，而且還是半開玩笑下問世的麝香貓咖啡會成為全球最昂貴的咖啡呢？

這款麝香貓咖啡居然是從麝香貓的糞便裡萃取出來的咖啡。

咖啡豆其實不是「豆子」而是果實的「種子」，咖啡樹這種植物的果實剔除果肉，種子的部分就是所謂的「咖啡豆」。

咖啡農園為了剔除果肉，留下咖啡豆，不是水洗，就是風乾。

然而在印尼的咖啡農園裡，野生的麝香貓會吃咖啡樹的果實，只有種子無法消化，變成糞便，排泄出來。在農園仔細地找出那些糞便，洗乾淨風乾、烘焙，就成了麝香貓咖啡。

據說「麝香貓腸道內的消化酵素及腸內細菌會讓咖啡豆發酵，孕育出獨特的香味」，但老實說，就如同前面寫的，我並不覺得好喝。

然而諷刺的是，一部分的顧客反而認為「從麝香貓的糞便裡產生的咖啡」很稀有珍貴，成為交易市場上最昂貴的咖啡。

就連諧擬諾貝爾獎的「搞笑諾貝爾獎」也頒獎給馬丁內斯，肯定他的豐功偉業。

像這樣的例子還有很多。

昭和六十二年發行的五十圓硬幣在目前的硬幣收藏家之間居然價值六千圓，因為發行數量極少，幾十萬枚裡才有一枚，非常稀有珍貴。

對大多數人而言，無論是哪一年發行的五十圓硬幣都只值五十圓，然而對收藏家而言，這枚五十圓硬幣價值六千圓，翻了一百二十倍。

由此可見，終究是「買家」，也就是消費者的價值觀決定稀有的東西是否有價值。

只要消費者覺得「這個很稀罕，想要」，就能賣給對方。只要世界上大部分的人都追求這種稀有性，就能像渡邊直美那樣大紅大紫。

不過，就算不被大多數人認同，只要有像尼克遜飾演的大富豪或目前的硬幣收藏家存在，就能以高價賣給那些人。

像這樣以高價賣出商品的時候，必須從散布於世界各地的消費者中找出真正需要那項商品的人，提供那位消費者「無論如何都想要」的稀少價值。除此之外的消費者都不是目標顧客。

因此想要以高價賣出的法則非常簡單，那就是——

以正確的價格賣給正確的目標顧客。

那麼，為此該怎麼做才好呢？

提供給消費者高價值的「價值主張」策略

這種「消費者需要，但競爭對手無法提供，只有自己才有的價值」在行銷上稱為「**價值主張**」，請看下一頁的圖。

①只靠自家公司商品提供的價值，消費者不見得會買帳。

價值主張

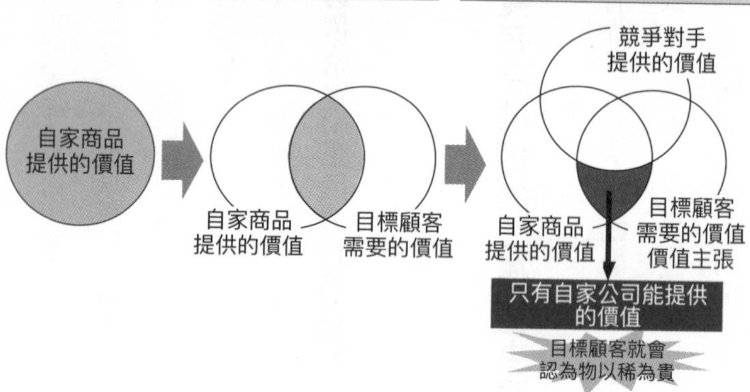

②必須同時也是消費者追求的價值。

③但是光這樣還不夠，唯有競爭對手無法提供這項價值時，消費者才會感受到稀有性，願意掏出更多錢來買。

為了以高價賣出，上圖明確標示出三點「價值主張」。

為此必須站在顧客的角度，澈底鎖定顧客的需求。

最近，我針對某項商品實際做了這個實驗，我們家買的戴森吹風機定

戴森的吹風機

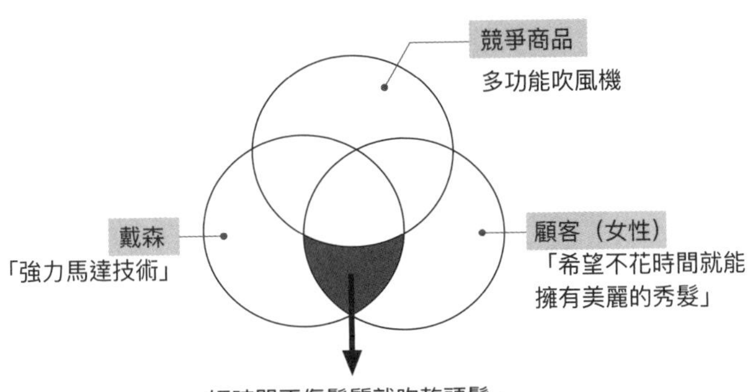

價四萬五千日圓，以吹風機來說，算是相當昂貴。

市面上的吹風機皆以各式各樣的功能為「賣點」，但風量並不大，要花很多時間才能吹乾頭髮，熱風還會損傷髮質。

戴森吹風機的「賣點」只有大風量，能迅速吹乾頭髮，也不會讓髮絲受損，老婆開始使用才過十天左右，意識過來時，髮質已經變得充滿光澤。

這都虧戴森研發吸塵器或電風扇時培養的強力馬達技術，戴森善用自家技術，掌握住女性「寶貝秀髮」的

咖哩專用湯匙「咖哩賢人」

需求，提供「大風量」這種只有戴森才有的價值。

其他家的吹風機無法割捨各式各樣的功能，換句話說，就是沒有鎖定消費者的需求，這是因為無法擺脫過去那種「要提供大量便宜又功能齊全的產品，消費者才會買帳」的成功體驗。

再為各位介紹一樣東西。

我家附近的百貨公司舉辦過在新潟縣燕市製作的餐具展示販售會，販賣一支一千二百五十圓的咖哩專用湯匙，稱之為「咖哩賢人」。

我從以前就很想要，所以馬上買下。

咖哩專用湯匙「咖哩賢人」

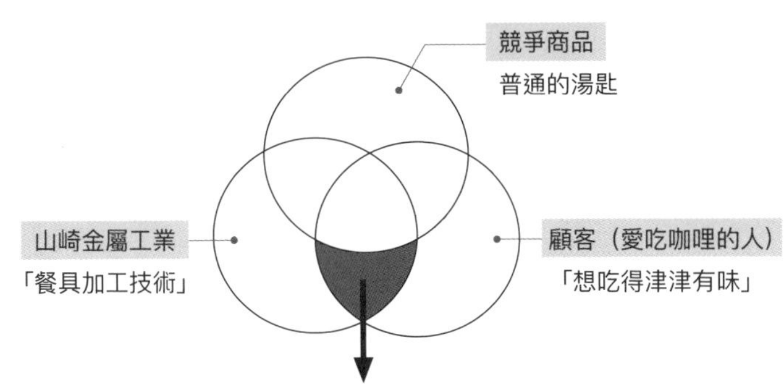

可以俐落地切開咖哩料，
還能把飯粒或咖哩醬刮乾淨的咖哩專用湯匙「咖哩賢人」

明明在百圓商店就能買到便宜的湯匙，為何要花這麼多錢？但是只要實際用這支湯匙吃過咖哩就會明白，真的非常好用。

這種湯匙左右不對稱，前端有個平緩的弧度，彎曲的部分呈約兩釐米的刀刃狀，可以用來俐落地切開咖哩的料，而且這部分還能把盤子裡剩下的飯粒或咖哩醬刮乾淨。

覺得咖哩比平常好吃絕不是我想太多吧。

位於新潟縣燕市的金屬西餐餐具廠商——山崎金屬工業的年輕研發負責人發明了這支湯匙。研發負責人去過號稱「咖哩聖地」的神田神保町好幾次，實際在店裡觀察大家吃咖哩的樣子，詢問愛吃咖哩的人許多問題，得知很多消費者都有自己的湯匙。

這時他留意到一點，那就是很多人都用湯匙代替刀子切食材，根據這個發現開發的就是這款咖哩專用的湯匙。

燕市的餐具廠商擁有高度的加工技術，所以能符合咖哩愛好者的需求。這款咖哩專用湯匙於二〇一七年七月上市，雖然值格不斐，但三個月就賣出一萬支，成為暢銷商品。

諸如此類「以高價賣出」的答案就在現場。鉅細靡遺地在現場觀察消費者，仔細地思考所有可能性，澈底鎖定目標顧客，就能創造出比較高的價值。

那麼，具體要怎麼做才好呢？

用「藍海策略」抓住超級VIP的餐廳

有一天，有位姓山本的年輕經理人寫信給我，信上寫說他看了我的書，參考「降低價格，提升價值」的邏輯，應用在自己的公司裡。

看著看著，我大吃一驚，因為他經營的居酒屋竟然鎖定「五十二歲的大老闆」為目標顧客，開始提供一條二十五萬圓的生火腿寄存服務（寄存在特殊的生火腿貯藏室裡），而且搶手到需要排隊。

我心想「一定要問個究竟」，幾天後，我去找他，問清楚詳情。

從山本先生的挑戰中，可以看到許多從削價競爭的世界脫穎而出，找出目標顧客，創造高價值的提示。基於「請務必與讀者分享」的心情，與山本先生商量後，他爽快地答應了，所以在這裡介紹給讀者。

山本先生的公司從父親還在世當社長的時候，就率先進口西班牙產的伊比利豬到日本，伊比利豬在西班牙也極為珍貴，其中吃天然牧草或香草、喝天然水長大的伊比利豬稱為 Bellota。

這家公司是日本唯一一家進口百分之百伊比利豬血統 Real Bellota 的業者，是最高級的伊比利豬，只占所有伊比利豬的百分之二，味道和營養價值都是一般豬肉不能比的。

山本先生之所以能進口 Real Bellota，都拜父親在當地建立深厚的人脈所賜，但父親在二〇一一年猝逝，由年輕的山本先生接班。

伊比利豬多半做成生火腿來吃，因此這家公司開了客單價五千圓，可以吃到伊比利豬的居酒屋 IBERICO-YA。

然而山本先生接手後，業績始終沒有起色，營收出現赤字，於是他開始思考「如何鎖定真正懂得最高級伊比利豬價值的消費者」。

「鎖定目標顧客」這句話或許已經聽到耳熟能詳了。

實際上，山本先生也很擔心營收會繼續減少，但是做了很多努力，業績還是不見起色，「只能以抓住救命稻草的心情鎖定目標顧客」是迫在眉睫的現實。

那麼要如何鎖定目標顧客呢？那些人就在當時還支持著這家店的消費者裡。

「五十二歲的大老闆，想表現出優越感、想向人炫耀、想受歡迎的人」。於是他開始思考「具體做出一些能讓這種人高興的事吧」。

起初是一連串的試錯，首先是客人入座時，就要向他們說明 Real Bellota 的優點，把菜單換成質感高級的封面，餐具也全面換新，還準備了描繪 Real Bellota 歷史的餐墊。

另一方面，停發過去一直使用的優惠券，所以頭一年的營收十分低迷。可是隨著單價逐漸提高，一年過去時，每天的位置都被訂滿了。

山本先生看準這個時機，進行店鋪的裝修。

在店裡打造隱密的包廂，推出一條要價二十五萬圓的生火腿寄存服務，然後為寄存的生火腿綁上大大的木頭名牌，上頭寫著寄存者的名字，當寄存者與朋友一起在包廂用餐時，提供將其預留的生火腿拿到眾人面前切片的桌邊服務。

這項服務非常受歡迎，還打造了貴賓室，比照銀行的金庫，要從另一個入口進去。沒有招牌，得輸入密碼才能進去。

我也實際去店裡看過，外表看來完全不知道是什麼店，還有一道暗門，充滿玩

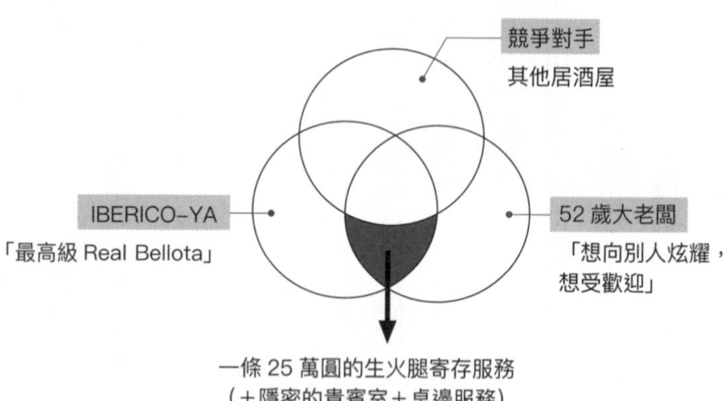

心。

這項一條二十五萬圓的生火腿寄存服務完全沒有宣傳，這是因為要讓「內行人才知道、不想告訴別人」的稀有性發揮最大的價值。

後來因為盛況空前，又增設了新的生火腿貯藏室，一個月就裝滿了，再也裝不下。後來口碑逐漸傳開，現在已經要排隊了。

整理價值主張後，如上圖所示，IBERICO-YA 創造出「生火腿寄存」的新市場，大受歡迎。

這個市場要如何實現？

以下參照創造新市場的「藍海策略」，

一般居酒屋的策略草圖

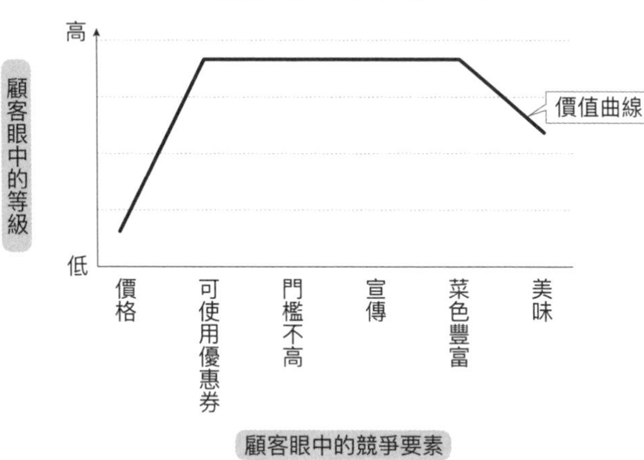

重新審視 IBERICO-YA 的挑戰。

與競爭對手在競爭激烈的市場上殺進殺出的狀況稱為「紅海」，而尚未開拓，還沒有競爭對手的市場稱為「藍海」。

居酒屋市場就是讓為數眾多的競爭者殺紅了眼的紅海，IBERICO-YA 殺出這片紅海，孕育出「生火腿寄存服務」這片藍海。

首先，從一般居酒屋的狀況來思考。

顧客選擇一般居酒屋的標準無非是「價格、可使用優惠券、門檻不高、宣傳、菜色豐富、美味」等等，在藍海策略中，

要鎖定居酒屋裡哪些非顧客層

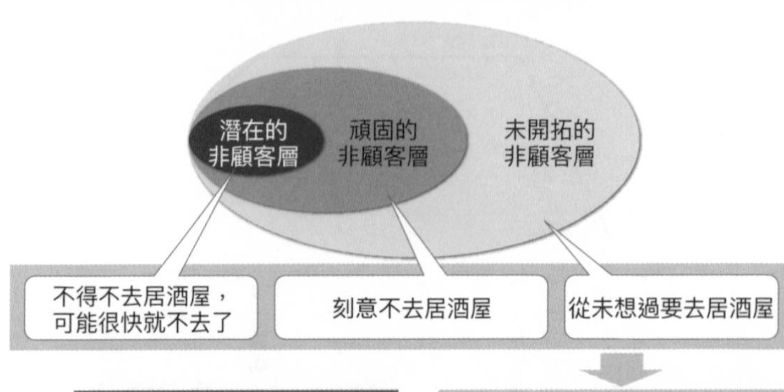

像這樣從消費者的角度選擇店家的標準稱為「**顧客眼中的競爭要素**」。

以顧客眼中的競爭要素為橫軸，為「顧客眼中的等級」評定「高」「低」後，就可以了解一般居酒屋的策略。這張圖在藍海策略中稱為「**策略草圖**」（戰略Canvas）。簇新的帆布稱為Canvas，指的是接下來才要寫上策略的簇新畫布。

而描繪在策略草圖上的曲線稱為「**價值曲線**」，用來表示提供給顧客的價值。價值曲線就像描繪在畫布上的圖案，將價值曲線描繪在策略草圖上，就能如繪畫般一眼看出策略的全貌。

IBERICO-YA「生火腿寄存服務」的四個動作

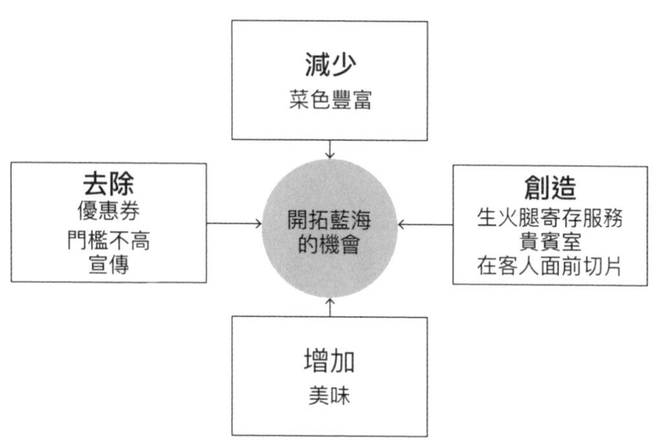

再來，思考目標顧客。

山本先生鎖定的目標顧客是「五十二歲的大老闆，想表現出優越感、想向人炫耀、想受歡迎的人」。

一般的居酒屋對那種人來說太無聊了，就如同有人是「不得不去居酒屋」，也有人是「刻意不去居酒屋、從未想過要去居酒屋」，換句話說，這些消費者都是非顧客層。

為了讓這些非顧客層感受到價值，進而變成顧客，藍海策略提出「減少、去除、增加、創造」這「四個動作」。

IBERICO-YA為了因應大老闆「想向

IBERICO-YA「生火腿寄存服務」的策略草圖

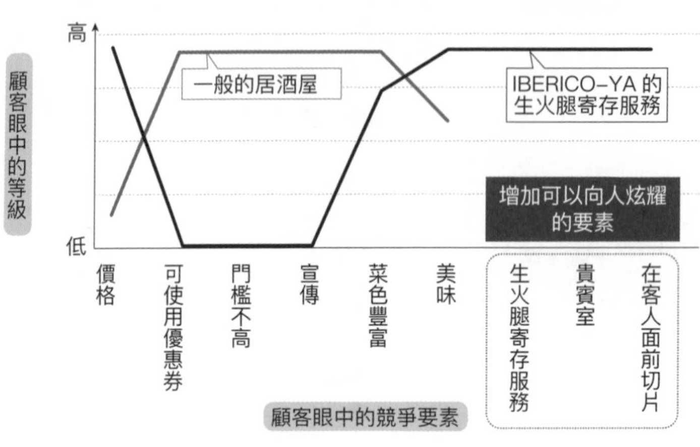

別人炫耀，想受歡迎」的需求，創造出「生火腿寄存服務、貴賓室、在消費者面前切片」的要素，而且繼續追求「美味」，在減少「菜色豐富」同時，去除「優惠券、門檻不高、宣傳」的要素，因為「五十二歲的大老闆」不需要這些。

以這四個動作為基礎，將IBERICO-YA的策略在策略草圖上描繪出價值曲線，如上圖所示，與一般居酒屋的差異一目瞭然。

為了以高價賣出，就不能被常識拘束，要具體且澈底地鎖定目標顧客，創造顧客「想要」的高價值。

由此可知，如果要高價賣出有價值的

商品，就必須擬定正確的價格。

然而，完全不了解訂價的方法，就把價格訂得太高，以至於完全賣不出去，或是提供相當高的價值，卻因為訂價太便宜而賣不好的失敗案例也在所多有。

因此，下一章將為各位介紹如何設定符合價值的價格。

倘若消費者追求的是稀有性，
就能以高價賣出。
請找出正確的消費者，
以正確的價格賣掉！

本章的重點

- 首先要想清楚**價值主張**，一切從這裡開始。
- 然後往**藍海**航行。
- 製作自己業界的**策略草圖**，描繪競爭對手與自家公司的價值曲線，明確擬定自己要做的**四個動作**。

第8章

價格加倍，反而賣到缺貨的首飾

划算的感覺與設定價格的方法

「一分錢一分貨」的錨定效應

美國的觀光景點有一家土產店，這家店裡販賣美國原住民的首飾，使用了非常漂亮的水藍色土耳其石，製成便宜、品質又好的首飾。

可惜來逛的人多，買的人少，老闆曾指導店員改變陳列方式，但一點效果也沒有。

想盡辦法也無計可施的老闆一氣之下，想說「全部處理掉，虧錢也不管了」，留下「價格全部改成二分之一！」的紙條給賣場主任後就出去採購。

幾天後回到店裡，發現商品全部賣光了。

而且對帳後發現金額多出許多，原來主任把他隨手寫下的「二分之一」看成「二」，以加倍的價格販賣。

為何價格加倍，反而能賣到缺貨呢？

因為來逛的觀光客通常都很有錢，但不太了解土耳其石，只能依循自己的常識

「昂貴的寶石品質較好、便宜的寶石品質較差」判斷，這個常識是第一章也介紹過的錨定效應。

店家的用意原本是「雖然便宜，但品質很好」，觀光客卻認為「便宜的東西很可疑」而買不下手。可是價格翻倍後，消費者反而認為「這款土耳其石的品質很好」，一口氣賣到缺貨。

或許各位會覺得「土耳其石是特例」，那麼以下再舉一個例子。

愈貴的藥愈「有效」的實驗

行為經濟學家丹．艾瑞利請一百位居民對「偉拉當」這種新型止痛藥的效果進行實驗。

讓所有參加實驗的人看過「根據臨床實驗，百分之九十二的患者在十分鐘內就能大幅減輕疼痛」「一顆兩百五十圓」的偉拉當說明書。

接受過簡單的問診及健康檢查後，告訴受試者「請讓我檢查你的疼痛承受度」，將會產生電擊效果的裝置纏繞在受試者的手臂上，然後開始檢查。

一開始的時候只是有點不舒服，再慢慢地增加電壓，最後會痛到眼珠子幾乎要掉出來。從「一點也不痛」到「痛到無法忍耐」詢問受試者的疼痛指數。

檢查結束後，讓受試者服用偉拉當，十五分鐘後再接受相同的電擊檢查，幾乎所有的受試者都回答「沒那麼痛了」。

可是讓他們服用的偉拉當其實是非常普通的維他命，是丹·艾瑞利為了確認安慰劑效果，去附近的藥房買的。

這個實驗還有後續，這次將說明書上的一顆兩百五十圓改成一顆十圓，進行相同的實驗。一顆兩百五十圓的時候幾乎所有人都回答「沒那麼痛」，這次卻只剩下一半的受試者回答「沒那麼痛了」（還有，由於是美國的實驗，價格是以美元標示，在本書為了簡單好懂，將一美元換算成一百圓，以日圓標示）。

實驗結果顯示，昂貴的藥比便宜藥有效，可見人對藥的價值感受會依價格而異。

價格具有「顯現品質的功能」

從土耳其石與偉拉當可以看出，價格具有「顯現品質的功能」。

一旦消費者不太了解商品的品質，價格就成了判斷品質的量表，昂貴的價格同時也是「品質安心有保障的價格」。

有時候確實能以提高價格的方法來刺激消費者的購買欲望。

二〇一四年，松屋開始以兩百九十圓販賣「牛肉飯」、以三百八十圓販賣「高級牛肉飯」，引起廣泛的討論，在削價競爭的牛丼業界大膽地漲了三成價格，讓消費者產生興趣「應該很好吃吧」。

網路上也陸續出現「試吃比較高級牛肉飯與牛肉飯」的報告，我也吃過了，的確比以前好吃（現在回想起來，我會這麼想或許只是基於安慰劑效果也說不定）。

有學者在美國做過「人會對高價產生興趣」的實驗，讓受試者看到價格上漲五到八成後，「非常想買這項商品」的意見急速增加，可見高價會讓人產生興趣，刺激購買欲望。

我們很容易把自家商品的價格訂得太低，實際上也有很多提高價格反而賣得更好的案例。

利用高價讓「奧客」消失

另一方面，也有很多人這麼想：「提高價格會讓消費者跑掉。」

然而只要有足以讓消費者認為貴一點也願意買的價值就不用擔心這點，應該換個角度想「跑掉的消費者才不是我們要的客戶，只留下真正的客戶反而是一件好事」，因為跑掉的消費者中有所謂的奧客。

有個態度很傲慢的客戶對營業員鈴木說：

「給我報價單，我打算從十家報價單裡選最便宜的合作。」

鈴木無論如何都想簽下這張訂單，只好向客戶下跪說：「我什麼都願意做。」

太便宜會招來「奧客」

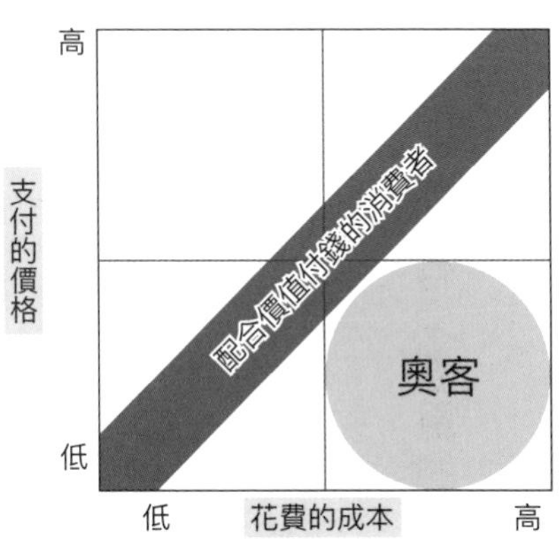

參考「實現最佳價格的八個步驟」（羅伯特．朗《哈佛商業評論》2014 年 7 月號）
由筆者製作

總算爭取到合約，但後來又被客戶百般刁難，要他「免費幫我做這個」是家常便飯，還會抓著小錯不放，要求進一步打折。鈴木每次都要在公司裡焦頭爛額的處理細，終於因壓力病倒。

奧客會故意雞蛋裡挑骨頭，要求折扣，還會拖著款項不付。沒收到錢不打緊，反而得花上一堆成本和心力。或許你也遇到過這樣的客戶。

就算雞蛋裡挑骨頭，只要肯乖乖付錢，就是好顧客，但這只侷限於上圖四個象限中右上方的客戶。但是如果沒有配合成本擬定較高的價格，反而只會吸引到「奧客」。

這種情況下，應該主動鄭重有禮地拒

絕要求降價的消費者。

不少人都認為「顧客即上帝，怎麼可以拒絕」，所以會陷入無盡的削價競爭，讓人疲於奔命，卻只有極少數人能得到消費者的感謝。

重視消費者沒錯，但消費者絕對不是上帝，應該拋棄不必要的平等意識，站在自己的立場決定誰是消費者。

價格在此掌握著非常大的關鍵，消費者的水準會隨價格而異，只要抬高價格，奧客就會消聲匿跡。順帶一提，該客戶如今已被鈴木的公司列為「拒絕往來戶」。

所有的商品都有「划算的感覺」

「這樣啊！只要抬高價格就好啦！」

或許各位會這麼想，但要是太貴的話，反而會完全賣不出去。

某家中小企業的商品開發負責人說：「這是我澈底追求高附加價值後的自信之作。」讓我看了家用食物處理機，功能齊全到連專業的廚師都讚不絕口，可是一看到價格，我嚇得目瞪口呆。

「好幾十萬！」相當於行情的十倍，於是我反問他：「這真是個好東西，賣得好嗎？」

「其實只賣出了幾台，社長還一直要求我想想辦法。」負責人傷腦筋地說。

萬一真的太貴，會讓消費者失去興趣，認為「與我無關」。

根據剛才提到的美國實驗，價格漲五到八成會讓許多人產生興趣，但是提高到一點九到二點五倍之後，絕大多數的人都會失去興趣。

行銷學的第一把交椅菲利浦．科特勒也在著作裡引用杜拉克的話，並且引以為戒。

「有本事溢價的企業等於在為其他競爭對手創造市場」

這款好幾十萬的商品或許只是為競爭對手提供了開發高性能家用食物處理機的動機。

太便宜會因為無法取信於消費者，賣不出去。

不賣貴一點，會發生「奧客」等問題，但太貴又賣不出去。

消費者真正需要的是「划算的感覺」，也就是讓消費者產生「這項商品值得這個價格」的感覺。

這種「划算的感覺」，行銷上稱之為「**內在參考價格**」，所有的商品都有這種「划算的感覺」。

消費者不會買「好但貴」的商品，消費者要的是「貴但值得」的商品。兩者聽來大同小異，但完全是兩回事，用來區分差別的就是「划算的感覺」。

「重點在於划算的感覺」是索尼創辦人盛田昭夫的口頭禪，他很清楚「划算的感覺」的重要性。

舉例來說，索尼在一九七九年推出的隨身聽定價三萬三千圓，當初的成本報價是四萬八千圓，賣三萬三千圓其實會虧損。

「划算的感覺」的四階段

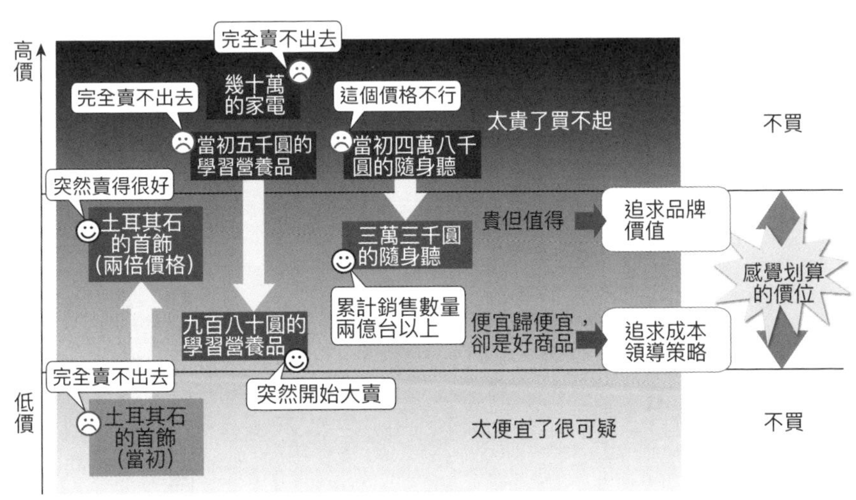

為何索尼不惜以低於成本價的價格販賣隨身聽呢？

當時除了隨身聽以外，沒有其他可以邊走邊聽音樂的商品，也沒有可以參考的範本。

開發隨身聽時，在索尼的工廠負責組裝的年輕人及工讀生聊到「這個好棒啊、不知道要賣多少錢？」時，負責開發的人問他們：「多少錢你們會買？」回答「如果是三萬圓，我馬上就買」的人最多。

盛田先生聽到這句話，確信三萬圓就賣得出去，決定售價為三萬三千圓，當時索尼的商品在秋葉原都會打九折，所以實際賣出去的價格低於三萬圓。

當時大部分的日本家電廠商都認為「訂價要在花費的成本上再加一些利潤」，但盛田先生認為「首先要讓消費者買想才行」，依此決定價格。

隨身聽上市後成了「貴但值得」的商品，十年來的累積銷售數量高達五千萬台、二十年更高達一億八千九百萬台。

產量增加，成本下降，產生莫大的利潤。

從此索尼不斷推出「貴但值得」的商品，創造出就連史蒂夫．賈伯斯也刮目相看的品牌價值。

另外一個例子是，鎖定小學生到大學準考生，提供明星講師上課影片的「學習營養品」也是充分發揮這種「划算的感覺」的服務。

創辦人開始提供「學習營養品」（當時的名稱為「考試營養品」）的學習影片服務時，進行過問卷調查，大部分的答案都是「如果每個月只要五千圓，試試也無妨」，跟去上補習班或請家教相比，乍看之下是很合理的金額，因此起初以每個月五千圓開始提供服務，但是怎麼樣都賣不出去，可見每個月五千圓並非實際「划算的感覺」。

仔細想想就知道了，網路上從來沒有每個月要五千圓的影音服務。

光靠問卷調查，無法掌握真正划算的感覺。

當時月租只要九百八十圓就能線上電影及連續劇看到飽的 Hulu 吸引他的注意力。重新審視「網路影音服務讓人感覺划算的價格為九百八十圓」，將價錢降低到原本的五分之一，也就是九百八十圓，同時開始打廣告後，會員人數激增。

划算的感覺分成四階段，為各位整理如下。

①太便宜了很可疑

土耳其石的首飾之所以賣不出去，是因為價格與品質不符，讓消費者感到不安。

②便宜歸便宜，卻是好商品

藉由降低「學習營養品」學習影片的價格，讓許多人開始使用。

③貴但值得

以三萬三千圓開始販賣的初代隨身聽變成炙手可熱的商品，使得大家都想要。

現代的蘋果電腦也採行這種模式。

④太貴買不起

幾十萬圓的家用食物處理機或每個月五千圓的學習影片都是很好的商品，但是太貴了，遲遲賣不出去。

「感覺划算的價位」介於「②便宜歸便宜，卻是好商品」與「③貴但值得」之間。

「②便宜歸便宜，卻是好商品」要以多賣一點，以規模經濟達到成本領導策略為目標。

「③貴但值得」則是要以創造出高品牌價值為目標。

實踐！訂價的方法

那麼要如何訂價才好呢？以下依序為各位介紹。

競爭導向定價法

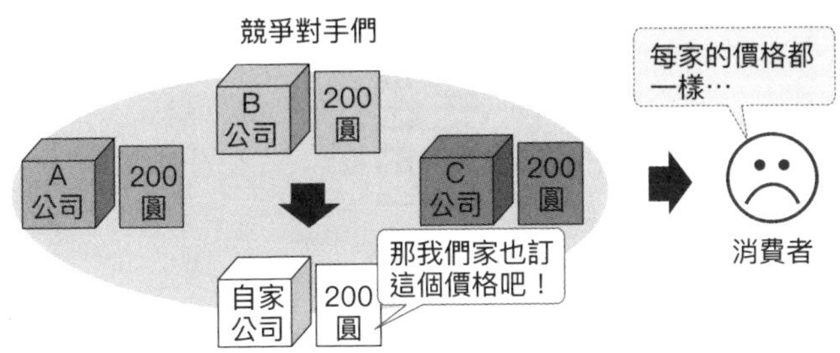

成本導向定價法

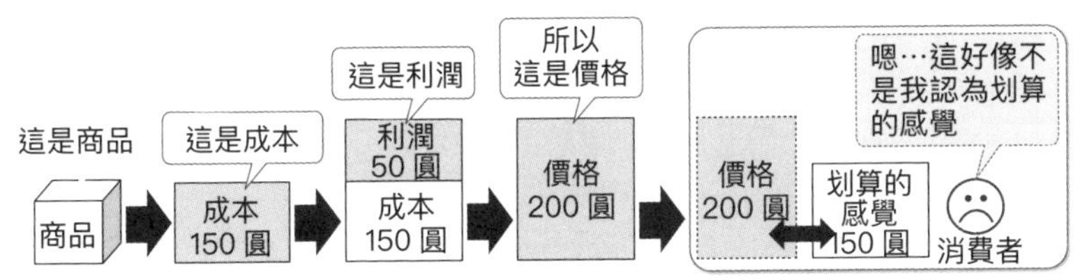

價值導向定價法

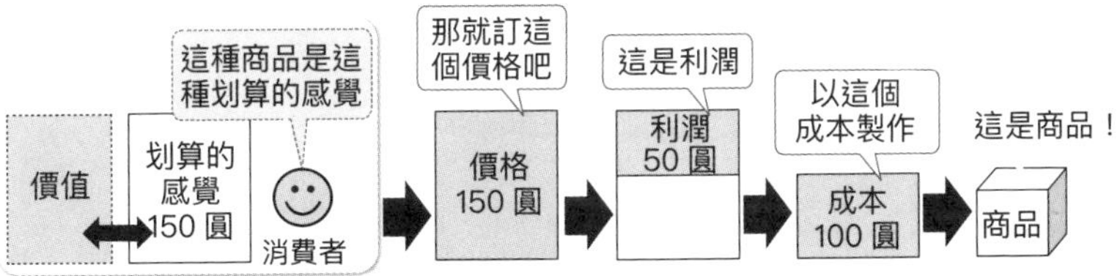

1. 配合競爭對手「競爭導向定價法」

檢查競爭對手的訂價，配合競爭對手訂價的方法，但是這麼做等於放棄訂價的主導權。

若不願輸給競爭對手，擬定比較低的價格，陷入虧損的風險也比較高。過去因削價競爭所苦的牛丼業界就陷於這種窘境。

2. 考慮到成本的「成本導向定價法」

以「價格＝成本再加上利潤」的前提來訂價，「要花多少成本？」比營收好預測，也比較容易訂價，所以這個方法被廣泛使用。

以電力公司為例，就是以進口的石油等成本加上利潤，制定電費。

日本企業直至一九九〇年代都還處於一個製造出好商品、削減成本、再加上少許的利潤、大量生產就能做多少賣多少的時代，因為習慣了這種成功模式，大部分的企業至今仍視成本導向定價法為理所當然。

然而這種作法絲毫沒有考慮到消費者「划算的感覺」。

在商品多到氾濫的現代，落在「太便宜了很可疑」或「太貴了買不起」這種沒有划算感覺的價位反而賣不出去的情況在所多有。

消費者壓根兒沒興趣知道到底要花多少成本。

3. 消費者感覺划算的「價值導向定價法」

這是以「消費者感覺划算」為出發點，認為「如果是這個價格，消費者應該會想要，所以要提供這種商品或服務」。

盛田先生還在索尼的時候，索尼是日本極少數實踐價值導向定價法的企業，隨身聽也是基於「以三萬三千圓訂價吧，只要能賣出三萬台以上就會有利潤」的想法訂價。

現代的消費者極為精明，所以必須以這種方法訂價。

有時候無論如何都無法以價值導向定價法設定的價格提供商品或服務，那種商品或服務原本就賣不出去。

商品之所以賣不出去，不是商品沒有魅力，就是價格有問題。

即使是好商品，如果不能以「讓人感覺划算的價格」提供就賣不出去。

如此可知，必須先決定「讓人感覺划算的價格」，再來思考要用「價值導向定價法」提供什麼樣的商品或服務。

如何問出讓人感覺划算的價格

那麼要如何決定「讓人感覺划算的價格」呢？

索尼決定將隨身聽訂價為三萬三千圓的關鍵，在於聽取工廠的年輕人及工讀生的意見，確實地從真的會購買商品的消費者口中打聽划算的感覺。

只可惜現實沒有這麼單純，直接問消費者會有什麼下場？

平常買東西不看價格的消費者被這麼鄭重其事地一問：「您認為這項商品多少錢比較適合？」可能會突然開始在意價格，回答的價格比平常便宜也說不定。

倘若是由漂亮的美女或帥哥提出這個問題，也有人會因此無意識地回答比較高的價格也未可知。

雖然很難從消費者口中問到真正的價格，但還是有幾個方法。

舉例來說，假設賣的商品是從自己還是消費者的時候就有了，因為親身理解划算的感覺，可以根據自己的感覺來訂價。

或是請教沒有利害關係的第三者意見，例如專家也是個好方法，這時最好問十個人左右，以免得到偏頗的意見。

以下還有兩個從消費者口中問出「划算的感覺」的方法。

1. PSM 分析法

最具有代表性的方法莫過於荷蘭經濟學家韋斯特朵爾於一九七六年開發的 PSM（價格敏感度）分析。

從目標顧客中選出幾十人到幾百人，問他們以下這四個問題。

問題①多少是你開始感覺「太便宜了，對品質不放心」的價格？

問題②多少是你開始感覺「雖然便宜，但不會對品質不放心」的價格？
問題③多少是你開始感覺「雖然貴，但值得購買」的價格？
問題④多少是你開始感覺「品質再好，太貴了也買不起」的價格？

根據這四個問題的答案，計算每個價格回答的人數，以所有回答者的比率為縱軸，製作四張圖表，再將這四張圖表重疊成一張圖表，這麼一來就能知道划算的感覺。

便宜的價格界限為「問題①太便宜」與「問題③貴」的交叉點，貴的價格界限為「問題②便宜」與「問題④太貴」的交叉點，中間是「感覺划算的價格區間」。

2.聯合分析法

我們購買商品的時候，不只價格，還會有各種「決定購買的關鍵」。

聯合分析是思考消費者共有幾種「決定購買的關鍵」，將其排列組合，勾勒出商品的印象給消費者看，讓他們決定想買的順序。

以 PSM 分析掌握「划算的感覺」

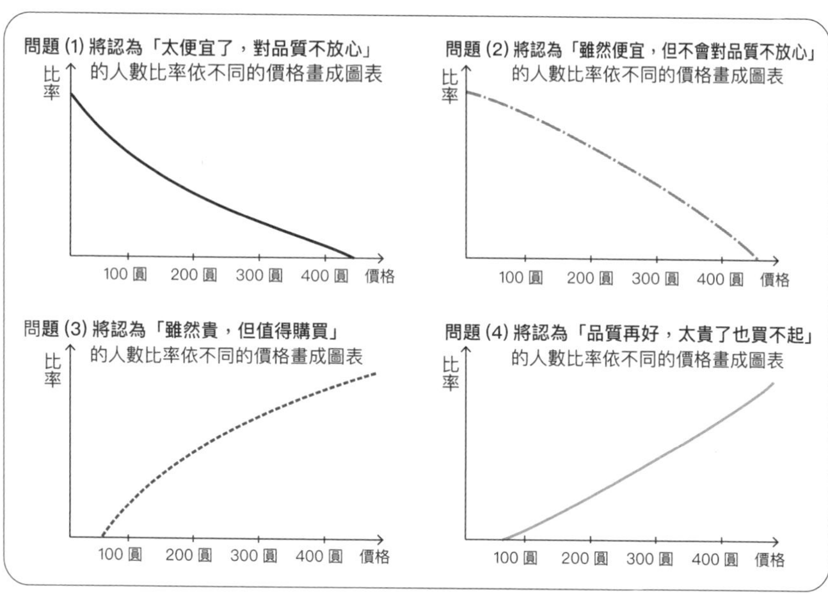

重疊成一張圖表

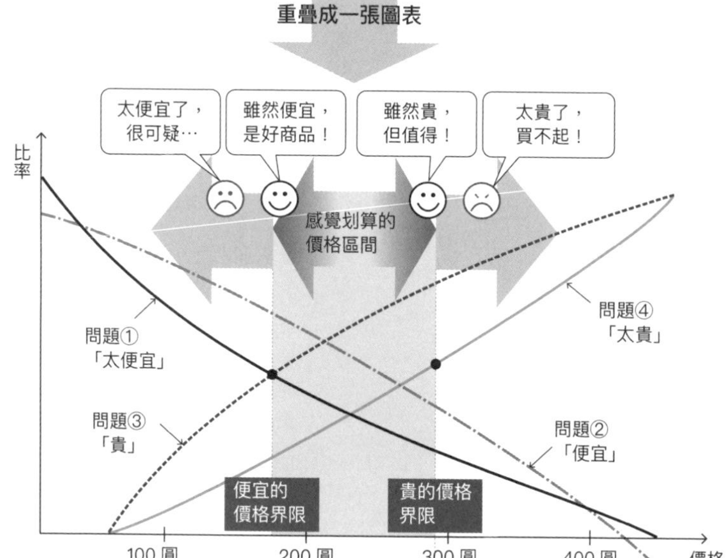

例如一家人租房子時，可能有以下幾個「決定的關鍵」。

- 面積（兩房、三房、四房）
- 距離車站的徒步時間（五分鐘、十分鐘）
- 屋齡（五年、十年、二十年）
- 房租（十萬圓、十二萬圓、十五萬圓）

將上述「決定要租的關鍵」排列組合出以下的物件概念，繼續詢問消費者。

- 兩房，離車站走路五分鐘，屋齡五年，十萬圓
- 三房，離車站走路十分鐘，屋齡十年，十二萬圓
- 四房，離車站走路十分鐘，屋齡二十年，十五萬圓

請對方依想租的順序排列這三個物件（這裡做了一點簡化，實務上要準備八到二十七種排列組合）。

假設請一百個人回答，再以專用統計軟體分析結果。

這麼一來，就能掌握每個房客「決定要租的關鍵」（面積、徒步時間、屋齡、房租），以數據釐清哪個條件最重要。

房租只不過是房客想租的其中一個要素。以上是透過聯合分析，尋找最符合各種要素的排列組合。

如果是「不想做問卷調查也不想用專用統計軟體分析」的人，還有個很簡單的方法。

假設你是自由工作者，接案時應該會向客戶提出各式各樣的條件，例如期限、可完成的範圍、報酬（價格）等等，請將其整理成一覽表，審視那些條件，倘若沒有任何人反應「報價太高了」，就表示你提出的報價恐怕太低了。

就算將報價提高到兩倍，接到的案子只剩下一半，收入也不會變，反而可以花更多時間交出品質更好的作品，可能還有助於提升你的風評。

本章帶各位看了要如何訂價，只要以正確的價格賣給正確的目標顧客即可。

讓消費者滿意，持續使用比什麼都重要，訂價策略與此息息相關，下一章將為各位介紹這部分。

賣不出去只有兩個原因。

●商品不吸引人

●感覺不划算

「划算的感覺」才是訂價的關鍵。

本章的重點

- 價格具有**顯示品質的功能**。
- 提高價格「奧客」就會消失。
- 請隨時意識到「感覺划算」的四個階段。
- 請在「**感覺划算的價格**」前提下，利用**價值導向定價法**來設計商品。

第9章

漲一美元的思美洛反而打敗了降一美元的對手

顧客忠誠度與品牌

從松崎茂的古銅色想出來的「品牌策略」

大家聽過「松崎茂色」嗎？

那是一種顏色，比喻以曬成古銅色皮膚聞名的知名藝人——松崎茂的膚色。

事實上，大阪的一家文具廠商櫻花克勒派司還真的有「松崎色」。是由百分之二十五的黃色、百分之四十五的紅色、百分之十四的綠色、百分之十六的白色混合而成。

我在廣島縣的活動上曾經從記者席見過他本人。

真的是宛如咖啡豆的古銅色，性格也與拉丁人無異，熱情，太熱情了。

最後，松崎茂站在廣島縣知事的旁邊，唱了一首改編歌詞的「愛的記憶」。

「……這世上最重要的是相親相愛，這是廣島告訴我的。

啊～啊啊啊啊～啊～啊啊～～」

本人正經八百地在歌詞裡加入「廣島」二字，起勁地唱著青春時代的歌曲，太陽穴的血管幾乎都要漲破了，看在廣島縣知事眼裡，感動得都快要流淚了。

活動結束後，幫忙拍照的攝影師大傷腦筋。

「糟糕，皮膚太黑了，這沒辦法登。」

「記者會已經結束了，沒辦法重拍。」

「……只好用繪圖軟體拯救一下了。」

我很好奇皮膚曬得那麼黑，會不會對身體不好，但他本人自稱「行走的黑色素」，為了不辜負粉絲的期待，經常去日照沙龍補曬，據說家裡和辦公室都設置了名為「邁阿密」的日曬機。

松崎茂的所作所為是隨時把顧客擺在第一位，把自己當成商品來思考，而且一以貫之，所以「松崎茂品牌」也堅若磐石，始終屹立不搖，至今仍應邀參加許多活動。

松崎茂教會我們為了保持高度的品牌形象，持續受到消費者支持，重點在於不能辜負粉絲的期待，從頭到尾都要保持一致。

最後這章將與大家一起討論價格、品牌與顧客忠誠度。

思美洛用漲價對抗競爭對手的降價攻勢

一九六〇年代的美國，販賣「思美洛」伏特加的休伯萊恩公司氣勢如虹，在美國國內的市占率二十年來都是第一名。

有一天，競爭對手西格拉姆公司宣布：「新商品沃夫斯密特的品質與思美洛一模一樣，而且還便宜一美元！」

思美洛公司的人馬上聚集起來商討對策。

「我們公司的思美洛也降價一美元來因應吧。」

「這麼一來只會讓營收和利潤雙雙下降，應該堅持定價，利用廣告和促銷來反擊。」

「那樣要花很多錢，不如先按兵不動？」

「按兵不動？那樣只會把市占率拱手讓給敵人。」

提出的方案各有優缺點，想了又想之後，思美洛實施了以下三個對策。

受到降價攻勢的思美洛採取包圍競爭對手的策略

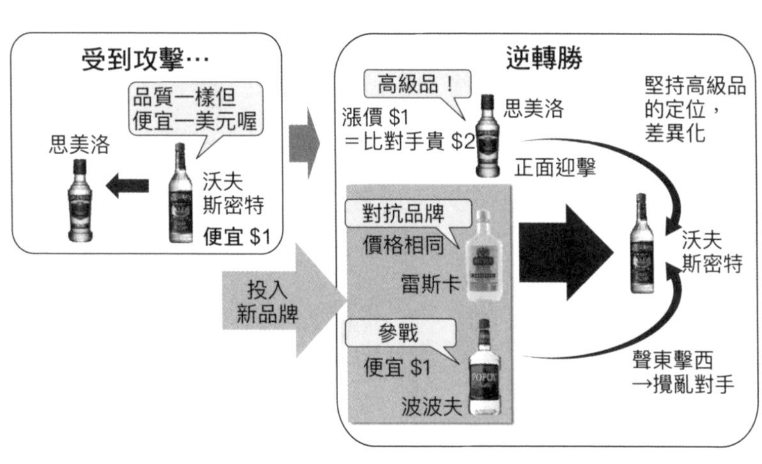

對策一：已經建立高級品形象的思美洛大膽地將價格提高一美元。

對策二：投入價格相同的新商品「雷斯卡」來對抗沃夫斯密特。

對策三：為了進一步干擾、牽制對手，繼續投入比沃夫斯密特便宜一美元的「波波夫」。

結果主動挑起削價競爭的沃夫斯密特受到出乎意料的反擊，陷入空前的混亂，拿不出任何對策，思美洛乘勝追擊，整個一九八〇年代都是美國的市占率第一名，就連波波夫也搶下市占率第二名。

思美洛藉由漲價更加奠定原已建立的

高級品牌形象，營收、利潤雙雙成長，還增加了新的產品線。

問題是思美洛為何要漲價呢？

「忠實顧客」不在乎價格

思美洛的超高品牌價值為其贏得為數眾多的顧客。

顧客說穿了五花八門，因此「顧客忠誠度」的概念有助於為顧客分類。因為已經在第四章簡單介紹過了，以下是複習。

「忠誠度」同時也是「關係」的意思，顧客忠誠度即為「與消費者的關係」。以「顧客忠誠度」來分類的話，消費者將由「潛在顧客↓有意願購買的人↓新顧客↓回流客↓主顧客↓擁戴者」逐步進化。

「回流客、主顧客」會重複購買、使用商品或服務，一旦成為「擁戴者」就會像推銷員一樣，熱心地將商品介紹給親朋好友。換句話說，顧客忠誠度愈高的消費者為企業帶來的收益總額愈大。

從顧客忠誠度與顧客生涯價值來思考的話，可以看到更多消費者

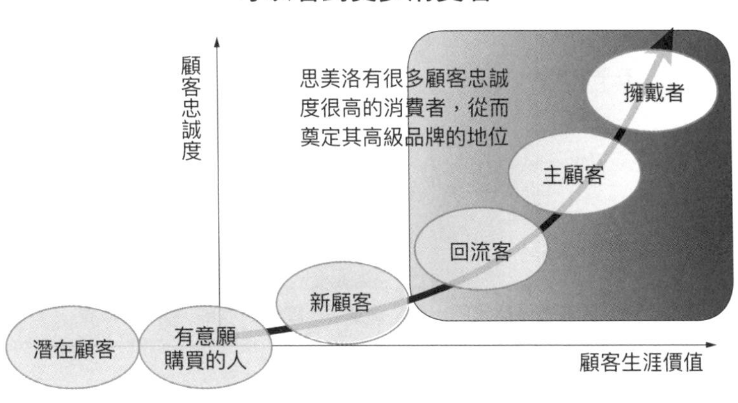

這種消費者為企業帶來的總價值稱為「**顧客生涯價值**」，顧客忠誠度愈高的消費者，其顧客生涯價值也愈大。

思美洛有很多這種顧客忠誠度很高的消費者，從而奠定其高級品牌的地位。

顧客忠誠度不高的消費者，尤其是有意願購買的人通常很在意價格，漲價就不買。

但顧客忠誠度高的消費者選擇商品時不會只看價格，只要價值能滿足他，就願意掏出比較多的錢。只要能讓對方滿意，就算漲價，通常也會繼續購買。

因此即使競爭對手採取降價攻擊，也絕不能輕易調降價格。

就算價格比較貴，也得一直維持相同的

顧客忠誠度愈高，愈不在乎價格

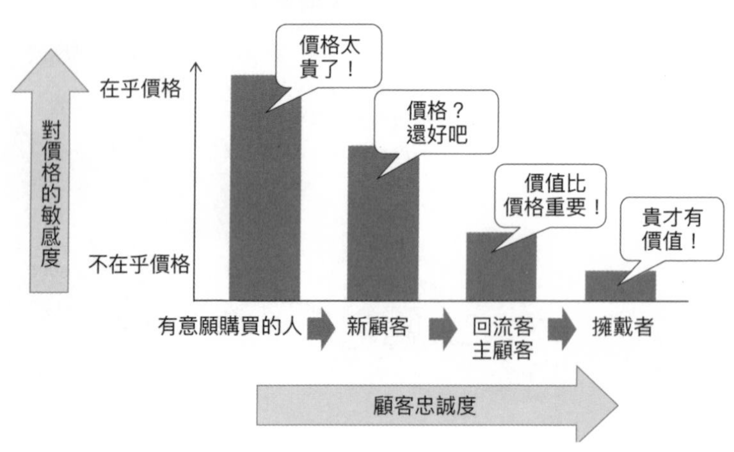

價格，消費者才能放心購買。輕易地降價等於是背叛那些顧客忠誠度高，願意接受高價，心甘情願掏出比較多錢來買的消費者，只會降低自己的品牌價值。

思美洛了解這一點，因此即使競爭對手採取降價攻擊也不上當，反而抓住機會漲一波，藉此提升品牌價值，也讓新商品「波波夫」成功搶下市場。

然而，或許也有人會這麼想：

「回流客及主顧客不都是現有的顧客嗎，降價說不定能吸引到新的消費者？」

這種想法很危險，要是為了爭取眼前的新顧客而貿然降價，可能會失去現在重要的消費者。

降價導致劣幣驅逐良幣的飯店

「咦，這家飯店變了好多啊。」

那是一家歷史悠久，王公貴族也住過的飯店。

絕不便宜，但是很有情調，令人賓至如歸，服務也很周到，所以我們家會在特別的日子去住，其他客人也多半是成熟穩重的大人。

有一天，我看到訂房網站上顯示可以用特惠價下榻這家飯店。

去到飯店一看，氣氛跟以前截然不同，以年輕人為主，也有很多素質不佳的客人，飯店裡亂糟糟的，儘管工作人員還是很努力地提供服務，依舊不如以前面面俱到。

以前屬於多數派的「成熟穩重的客人」似乎也覺得沒有容身之地。

後來我又去住過幾次，但已經不會在特別的日子去住了。

這家飯店大幅降價的結果導致年輕人及素質不佳的觀光客雖然客似雲來，但是花一百年建立「想在特別的日子去住的旅館」的價值已蕩然無存，客人紛紛離去。離開的消費者不會再回來，更不要說客單價也下降了。

由此可見，為了增加眼前的營收而降價的結果，多半只會吸引到想來撿便宜的消費者，失去過去一直給予支持愛護的重要消費者。

那麼要如何獲得顧客忠誠度比較高的消費者，讓他們變成回流客、主顧客呢？

巧克力廠商「別再送人情巧克力」的宣傳活動

二月某一天，一整面的報紙廣告令我大吃一驚。

「日本人，別再送人情巧克力了。」

廣告上居然有巧克力大廠 GODIVA 董事長的簽名，除此之外，該廣告刊出以下訊息：

有些女生不喜歡過情人節。
要是這天剛好不用上班，有些女生會內心竊喜。
因為考慮要送誰人情巧克力，準備給大家的巧克力實在有夠麻煩。
（後略）
請愛上情人節吧。
GODIVA

「為何巧克力公司會呼籲不要送人情巧克力呢？」仔細思量，這其實是非常縝密的行銷手法。

GODIVA 一盒要價一萬日圓以上，是最受歡迎的真心巧克力，很少人會買來當人情巧克力。

再也沒有比送人 GODIVA 當人情巧克力更麻煩的事了，對方可能會誤會「難不成妳真的喜歡我？」

人情巧克力一定要便宜，對 GODIVA 而言，人情巧克力其實是來搶市的競爭對手。

這則廣告給消費者的隱藏訊息是「不要把錢花在人情巧克力上，請用 GODIVA 向真命天子表白」。

販賣「雷神巧克力」的有樂製果對這則廣告採取非常聰明的反擊，雷神巧克力是很便宜的人情巧克力，絕不會被誤以為是真心巧克力。

有樂製果利用推特釋放以下訊息：

某個廣告似乎引起了話題呢！但人家是人家，我們是我們。大家都不一樣，大家都很好。因此有樂製果將繼續支持人情巧克力文化，扮演好用來「表達平日的感謝」的工具。

GODIVA 向購買「真心巧克力」的主顧客釋放訊息，雷神巧克力則是向購買「人情巧克力」的主顧客釋放訊息。

看在巧克力廠商眼中，情人節是「無情無義的戰場」。

如何培養「再貴也要買」的消費者？

若想像GODIVA那樣，讓消費者採取「想在情人節當天用最高級的巧克力向真命天子表達愛意」的行動該怎麼做才好？

對挑選商品沒概念，對品牌差異也不是很了解的消費者心裡想的是「反正都一樣，買便宜的就好了」，一旦對商品開始講究，也了解品牌的差異，就會覺得「貴一點也想擁有」。

阿塞爾的購買行為類型為大家整理以上的思維邏輯，以「對商品的講究程度」為橫軸、「對品牌差異的了解」為縱軸，彙整成四個象限。

認為「反正都一樣，買便宜的就好了」的消費者對商品不怎麼講究，也感受不到品牌的差異，憑慣性購買。

認為「貴一點也想擁有」的消費者對商品和品牌都很講究。

阿塞爾的購買行為類型

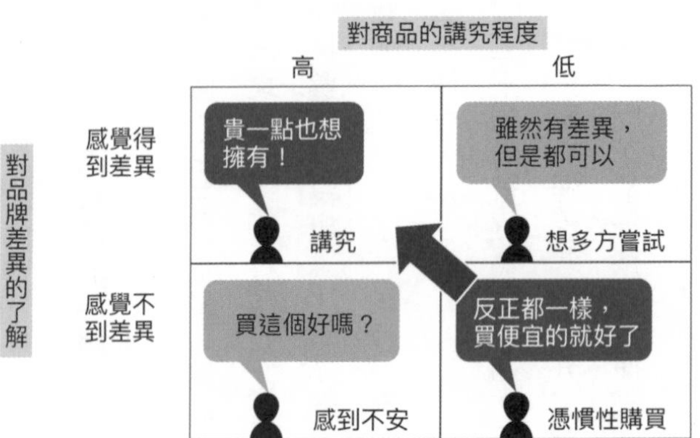

必須把認為「便宜的商品比較好」的消費者變成「貴一點也想擁有」的狀態，分兩階段進行。

第一階段：強調對商品講究的重要性

第一階段要讓認為「便宜的商品比較好」憑慣性購買的消費者了解「對商品講究的重要性」。

最早在日本鼓吹在情人節送巧克力的人據說是東京大田區的瑪俐巧克力股份有限公司，這個概念迅速在整個業界發酵，女性開始覺得「情人節是很特別的日子，是送巧克力給真命天子的機會」。這麼一來，選擇送給男朋友的巧克力時就會開始如何培養「貴一點也想擁有！」的消費者？

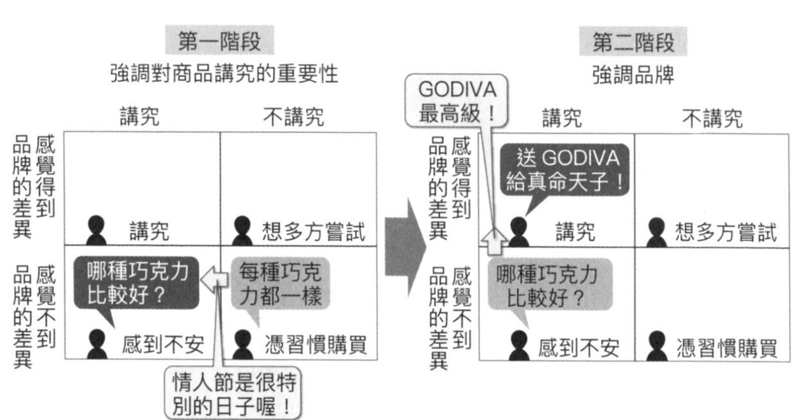

思考這個好嗎？

如同在第一章介紹過的戴比爾斯「結婚戒指要三個月的薪水」，因為他們的宣傳，選擇婚戒時會開始思考這個戒指好嗎？

由此可見，要讓消費者了解「對商品講究」的重要性。

第二階段：強調品牌

在消費者開始思考「這個商品好嗎？」的階段向消費者宣傳自家公司的商品，讓他們開始意識到品牌的差異性。以GODIVA為例，藉由打出「請愛上情人節吧。GODIVA」的廣告，促使消費者送最高級的巧克力給真命天子。

如此一來，強調對商品講究的重要性與品牌的差異，藉此提升已經變成忠實顧客的顧客忠誠度，也能提升品牌價值。

有人把貴公司的商標刺在身上嗎？

「品牌」（brand）的語源來自「烙印」（burned）。牛的牧地十分遼闊，為了區分自己養的牛和別人家的牛，會在牛屁股上烙印，從此以後，與其他公司做出區隔的標誌就稱為「商標」。

麥森等瓷器上也有印記，原本是為了排除仿冒品，以示品質保證印上去的。品牌是放心、安全、品質的象徵。

GODIVA 的品牌也具有「選這個準沒錯」的保證。

然而，不管企業花多少錢，設計多麼美的印記，但凡無法取得消費者的信任，該印記就無法成為品牌。

因為品牌是「消費者的信任」，強力的品牌是消費者自己在心裡打造的。

烙印是一種比喻，比喻在顧客忠誠度較高的消費者心中烙下品牌這個「信用的烙印」。

繼續提高顧客忠誠度，就會成為狂熱的品牌信徒，哈雷機車有很多狂熱的品牌信徒，引擎的聲音是很獨特的三拍子，振動也很劇烈，狂熱的粉絲深信「這樣才好！」

據說哈雷機車是「全世界被刺在最多人身上的品牌」，不是「烙印」而是「刺青」。

有消費者把貴公司的商標刺在身上嗎？

哈雷機車有很多這種消費者，而且沒有其他品牌能出其右，因此就算哈雷機車再貴，熱愛哈雷機車的人也不會改買其他機車。

能有這麼高的顧客忠誠度自然再理想不過，不過其實不用到這麼高的程度也無所謂，只要有任何狀況發生時，對方會想起你「這份工作可以交給那個人」「只能仰賴那個人了」，就代表你已經擁有響叮噹的個人品牌。

重點在於一致性

第七章提到「物以稀為貴」，只要夠稀有，讓消費者感受到比較高的價值，再貴都會買單，但光是這樣還是有其極限。

即使一時擁有珍貴的稀有性，倘若讓競爭對手知道這樣可以高價賣出，必定會模仿。當商品不再稀有，立刻就會陷入削價競爭的危機。

為了避免削價競爭，要重視顧客忠誠度高的消費者。

顧客忠誠度高的消費者認為價值比較重要，對價格則沒那麼在意，所以不會因為一點小事就跳槽，因此賣家必須持續提供消費者高價值，不能只想增加眼前的營收就便宜賣。

松崎茂認為自己就是商品，也知道顧客對自己的期待，經常用日曬機補曬，澈底以客為尊，力求不辜負粉絲的期待。

為了提高顧客忠誠度，創造出高品牌價值，絕不能辜負消費者的期待，必須保持一致性。

隨便降價會讓品牌價值毀於一旦。
忠實顧客才是最重要的，
請守信用、養品牌。

本章的重點

- 向松崎茂學習**顧客忠誠度**與**品牌建立**。
- **顧客忠誠度**夠高的消費者就不會看價格買東西。
- 理解**阿塞爾的購買行為類型**，在強調講究重要性的前提下，強調品牌。
- 培養品牌在消費者心中的**信用**。

寫在最後——掌握價格就等於掌握人的心理

寫完這本從以前「就想寫」的書之後，我鬆了一口氣。

如同我在書中一再強調，事實上在商業行為的現場，很少有人會考慮到「訂價策略」，這或許也是人之常情。

首先，很少人知道訂價策略的邏輯。訂價策略是行銷策略中至關重要的主題，但是給一般讀者看的書幾乎沒有淺顯易懂地介紹訂價策略全貌的書也是事實。

其次，訂價策略必須深入思考人的心理。最近眾所矚目的行為經濟學給了很重大的提示，但是市場上幾乎沒有從行為經濟學來整理訂價策略的書。

因此本書的目標是以訂價策略為主題，從行為經濟學與行銷的角度出發，讓更多讀者都能簡單地理解，讀得很開心，將訂價策略的邏輯運用在自己的工作。

價格只不過是數字，一旦能正確地思考訂價策略，你的心意就會呈現在這個數字上，而且目標顧客也能感受到你的心意，衷心地祝願這本書能對你的發展有所貢獻。

最後，謹向在我撰寫這本書時提供寶貴的資訊及意見、建議的 PHP 研究所木南勇二先生、大岩央先生致上誠摯的感謝之意。

二〇一八年十月　永井孝尚

一心文化　skill 005

賺錢公司都在用的高獲利訂價心理學

なんで、その価格で売れちゃうの？行動経済学でわかる「値づけの科学」

作者　永井孝尚
譯者　賴惠鈴
編輯　蘇芳毓
美術設計　Edison Kyo
排版　趙小芳（polly530411@gmail.com）
出版　一心文化有限公司
網址　soloheart.com.tw
電話　02-27657131
電傳　出版部 (02) 27657131
地址　11068 臺北市信義區永吉路 302 號 4 樓
郵件　fangyu@soloheart.com.tw
初版一刷　2020 年 1 月
初版二刷　2020 年 7 月

總 經 銷　大和書報圖書股份有限公司
電話　02-89902588
定價　360 元
印刷　呈靖彩藝股份有限公司

國家圖書館出版品預行編目（CIP）

賺錢公司都在用的高獲利訂價心理學 /
永井孝尚著 ; 賴惠鈴譯 . -- 初版 . -- 台北市 : 一心文化出版 :
大和發行 , 2020.01　面 ;　公分 . -- (Skill ; 5)
譯自 : なんで､その価格で売れちゃうの?: 行動経済学でわかる｢値づけの科学｣

ISBN 978-986-98338-0-6(平裝)

1. 價格策略　2. 行銷心理學

496.6　108017796
